迷宫总有出口

个体心理学之父阿德勒的人生哲学课

刘超 ◎ 著

南方日报出版社
NANFANG DAILY PRESS
中国·广州

图书在版编目（CIP）数据

迷宫总有出口：个体心理学之父阿德勒的人生哲学课 / 刘超著. -- 广州：南方日报出版社，2024.6
ISBN 978-7-5491-2859-4

Ⅰ.①迷… Ⅱ.①刘… Ⅲ.①个性心理学 Ⅳ.①B848.9

中国国家版本馆 CIP 数据核字（2024）第 054880 号

MIGONG ZONG YOU CHUKOU:GETI XINLIXUE ZHI FU ADELE DE RENSHENG ZHEXUEKE

迷宫总有出口：个体心理学之父阿德勒的人生哲学课

著　　者：刘　超
出版发行：南方日报出版社
地　　址：广州市广州大道中 289 号
出 版 人：周山丹
责任编辑：郭海珊
封面设计：杨丽冰
责任校对：朱晓娟
责任技编：王　兰
经　　销：全国新华书店
印　　刷：广州市尚铭印刷有限公司
开　　本：889mm×1194mm　1/32
印　　张：7.75
字　　数：161 千字
版　　次：2024 年 6 月第 1 版
印　　次：2024 年 6 月第 1 次印刷
定　　价：58.00 元

投稿热线：（020）87360640　　读者热线：（020）87363865

序　言

见证阿德勒心理学的美好

曾端真

刘超的生命风格，贯穿在这本书中。

“生命风格”这个词，不只对读者来说很陌生，对学习过阿德勒心理学的人而言，也不容易捉摸。阿德勒用“生命风格”来指称我们通常所说的人格。阿德勒为什么要独创一格？这正是阿德勒心理学的迷人之处。

“故事即人生”是阿德勒的名言，学习阿德勒学派的心理治疗，便是在训练听故事的专业能力。心理治疗，在于揭开潜意识中自卑情结的面纱，让人们不再被自卑情结操控，成为自己的主人。我们若能做自己的主人，人生便海阔天空，处处是出口。阿德勒说“迷宫总有出口”，而听故事便是在寻找困境的出口。阿德勒的名言不胜枚举，句句激励人心，他是正向心理学的先驱。刘超以此为书名，对于传达阿德勒的人生哲学理念，入木三分。

水能载舟，亦能覆舟。故事可以把人捆绑，也能令人松绑。心理治疗师的专业，在于听懂故事中隐含的关键信息，也就是故事中有面对人生任务（困境）的模式，有自我观、人我观、世界观、人生观，以及社群情怀，这当中反映的就是生命风格。咨询师训练，是一个重塑自我、培养丰厚社群情怀的过程，不只是头脑中具备知识和技能，还必须长期浸润在社群情怀学习氛围中，并且勇敢探索自己的生命故事。何谓勇敢？即解封被锁住的情感，接触脆弱的自卑情结，照见过去的错误，而这个历程足以令人情绪崩溃。咨询师必须亲身走过这种痛，才能感同身受来访者的苦，才有足够社会情怀陪伴来访者叙述故事、理解故事、解构故事和重写故事。

在书中，刘超分享了他在阿德勒学派专业心理咨询培训班的生命蜕变过程。接受我的训练，应该只是这本书的缘起。刘超不仅在研读阿德勒的著作上下了很深的功夫，还反复研读训练课程笔记和我的专著；他与伙伴们密切地磨炼实务操作，反复多次体验了自我疗愈之旅，还在家里与他的妻子开惠切磋，并肩见证阿德勒心理学的美好。近几年来，他勤于演讲、带训练以及接受个别咨询，教学相长。刘超从他自己的故事以及来访者的故事中，得出做心理咨询的感悟——迷宫总有出口。

刘超在本书中引用了阿德勒的许多名言，并以故事来说明，字字充满社群情怀，能够给读者带来力量感和希望感。他对于推广和传播阿德勒心理学的热切之心，溢于言表。

刘超思考敏锐，逻辑清晰，温暖敦厚，是一名优秀的心理咨询师。除了得益于奶奶、父亲和母亲的传承，他个人更加努力。光说“努力”二字，可能有点空泛，从刘超分享的一个早年回忆应该能体会阿德勒心理学的奥妙。

早年回忆隐含着一个人的生命风格，可以洞见其“努力”的独特性。本书中提到刘超“第一天上学”的早年回忆：他来到教室，老师说，今天的作业是用田字格本子写自己的名字，写两页。于是，他认认真真，一笔一画地写完，交给老师。请注意，“田字格本子”象征为人处世从心所欲，但不逾矩；“认认真真，一笔一画”代表扎扎实实，在每个细节上都全力以赴，每一笔一画都尽力而为，直到完成任务；“写自己的名字”隐喻对自我的看重和珍惜。

正文后的附录二是一段梦境的晤谈，而梦境是人们潜意识的自我提醒。对奶奶和父母的难处，刘超铭记于心。在梦境中，父亲在另一个世界是否安好的感觉，与他一笔一画地把名字写了两页的记忆，都强化了“刘超图报恩情”的自我提醒，这个潜意识的提醒是他不懈努力的源泉。

我开设“阿德勒学派专业心理咨询培训班”课程，目的在于培训能够传播阿德勒心理学的讲师，以及培训具备个别晤谈素养和能力的咨询师。当刘超邀请我写序时，我非常高兴，他现在的成绩达到了我的教学目标。我知道，还有不少学员通过不同形式，默默地传播阿德勒心理学，我感到很欣慰，感到开设这个课程是非常值得的。

希望读者能够从《迷宫总有出口》一书中获益。

2023 年中秋

（作者为古典阿德勒学派心理治疗师、台北教育大学退休教授）

自　序

故事即人生

记得第一次参加阿德勒学派专业心理咨询师培训，在课堂上，曾端真教授邀请每位学员说说我们的期待和我们为什么选修阿德勒心理学这个学派。轮到我发言时，我说：“我希望通过系统的学习，以后也能像阿德勒一样，四处去演讲、授课、传播和推广阿德勒心理学，帮助更多的人，帮助更多家庭，影响更多人。”我发言结束后，教室里响起了雷鸣般的掌声，那时我内心汹涌澎湃，感受到整个教室里爱的流动。

记得第二次参加学习时，我在去教室的路上，在电梯里偶遇曾端真教授。我迫不及待地对曾教授说：“早些时候，我开设了我的第一场阿德勒心理学‘故事即人生’专题讲座。”教授微笑着对我说：“刘超，你的演讲一定会比我讲得好。”曾教授的鼓励给我传达着这样一个理念：深深地相信，喜悦地欣赏。那一刻，这个理念在我的内心种下了种子。

阿德勒学派是一个注重讲故事和听故事的学派。阿德勒认为，只要是我们记得的故事都很有价值，而不记得的故事也有很多秘密。

每个人的成长中都有一些不为人所知的故事，包括小时候的或长大后的故事，过去的或现在的故事，开心的或伤心的故事。这些故事是我们的宝贵资产，只是很多故事出于各种原因被尘封了，但其实，意识层面为潜意识层面的故事承担着责任和代价，只是我们自己不知道。

犹如俄罗斯套娃，我们在成长过程中不自觉地把故事一个个套住了。我们还记得小时候和爷爷、奶奶、爸爸、妈妈在一起的故事吗？我们还记得小时候和哥哥、姐姐、弟弟、妹妹在一起的故事吗？我们还记得第一天背着书包上学的故事吗？我们还记得读幼儿园、小学、初中、高中、大学时与同学们在一起的故事吗？在每个成长阶段，我们都有不同的故事。故事伴随我们出生，故事伴随我们成长，故事还伴随我们一直到老。我们就是自己人生故事的创作者，阿德勒说，故事即人生。

在忙碌的工作和生活中，我们没有想起这些故事，但并不代表这些故事不复存在，它们悄悄藏在我们的潜意识中，操纵着我们的人生。哪一天，当我们停下脚步，一个个慢慢打开这些故事的时候，每打开一个，就会发现一个不一样的自己，随着我们打开的故事越来越多，我们距离真实、纯净、善良的自己就越来越近，那是我们可以接纳、包容、理解一切的“内在的小孩”。

阿德勒的思想超越了他所在的时代，他的学说充满预见性。阿德勒曾说：“也许若干年以后，人们不一定知道阿德勒心理学，不一定知道阿德勒这个人，这也是正常的事，这也许说明我的学说已经被人们广泛接纳、运用并成为常识，这也是我追求的目标。”事实证明，阿德勒的人性论对后来心理学及教育理论的影响巨大，但凡与心理学、心理治疗以及儿童教育有关的学说，很少不受阿德勒思想影响。

阿德勒的思想也一直影响着一代又一代的大师，例如，美国社会心理学家和比较心理学家亚伯拉罕·马斯洛、美国人本主义哲学家和精神分析心理学家艾瑞克·弗洛姆、美国著名人际关系学大师戴尔·卡耐基、美国著名管理学大师史蒂芬·柯维、日本著名管理学家大前研一等都深受阿德勒思想的影响。

阿德勒是著名的精神病学家。他是个体心理学创始人，是人本主义心理学的先驱，还是儿童教育和亲职教育[1]的先驱。阿德勒与弗洛伊德、荣格并称为“心理学三大巨头”。

阿德勒心理学是一门生活的科学，阿德勒教导我们生活的常识，帮助我们寻找人生的目标和到达目标的途径。阿德勒心理学也是一门人生的哲学，阿德勒认为，一个人健康与否，要看其行为、思考、情绪、情感等是否具备正向意义，阿德勒心理学在民间也被称为正向心理学、勇气心理学。

阿德勒的名言甚多，他的名言也是关于自我成长、自我疗愈很好的理论。曾端真教授教导我们，要把阿德勒的名言当作一日三餐去咀嚼，每一次咀嚼都会有不一样的收获和领悟。

曾教授说，我们成年人已经拥有一定的自我学习能力、一定的自我觉察能力、一定的自我反省能力，特别重要的是，成年人已经拥有非常丰富的人生阅历。用“耳朵”学习的效果是比较低的，用“心”学习的效果才是高的。

我衷心希望，读者能借助本书的案例，结合自己的生命故事和生命经验，不断咀嚼阿德勒的名言，把阿德勒的思想更好地运用到自己的工作、友谊和亲密关系中。听别人的故事，想自己的人生，借助本书，读者可以开启生命风格探源之旅，衷心祝福您的人生从此与众不同。

谨以本书，向恩师曾端真教授致以我最真诚的敬意！

---

① 亲职教育：指对家长进行的如何成为一个合格称职的好家长的专门化教育。

引　言

有给才有得

本书的写作缘由来自阿德勒学派专业心理咨询培训课程的心得感悟及我对曾端真教授著作的研读。

阐述阿德勒心理学理论并非本书的目的。本书将阿德勒的名言和曾端真教授的研究作为理论框架，以笔者的成长史和生命风格故事来抛砖引玉，引领对阿德勒心理学感兴趣的朋友进入阿德勒心理学的智慧殿堂，引导对探索自我生命风格感兴趣的朋友找到了解自己的路径，以帮助读者更好地理解人性，理解潜意识的运作，开启内在生命，并在生活和工作中践行。

主书名“迷宫总有出口”引自阿德勒的名言。人生就像走迷宫，我们每天都会遇到各种人、事、物的挑战，也会不时遇到各种困难和困惑，遇到各种不确定性。也就是说，个体的生命风格需要经受现实生活的考验，才能实践现实生活的任务。阿德勒鼓励我们，每个人都可以有所作为，每件事都可以有不同的样貌，只要坚定信念、充满信心，总会找到出口。阿德勒说，困难对我们来说也是一种祝福。雄鹰因为逆风而飞得更高，欣赏自己，欣赏他人，生活在对您微笑。

副书名中的“阿德勒的人生哲学课”，表明本书主要是阿德勒心理学生命风格探源的内容。“生命风格探源”，包括主干内容即生命风格，以及分支内容即人生任务、心理预备、幼年印记。

所谓生命风格，阿德勒说，要想了解一个人的未来，需要先了解他的生命风格。生命风格泛指人格、独特的创造活动、思考问题的方式、自我观、人我观、世界观。生命风格是人生的总指挥，它像人生的一张隐形地图，指引着人生的目标以及到达目标的途径。生命风格，具体包括三个分支内容。

分支内容一是人生任务。阿德勒说，人生有三大任务：工作、友谊和亲密关系。当然，对孩子而言，工作指的是学习。这三大任务也是人际关系的任务，不适宜拖延，因为往往越拖延，越难完成。

分支内容二是心理预备。能否成功面对人生任务的挑战，取决于个体的心理预备度。个体迎接人生任务挑战时勇敢的程度，就是生命风格的健康程度。并不是工作、友谊、亲密关系本身给我们带来困难和痛苦，而是生命风格迎接这些任务的能力让我们迷惘和困惑。心理预备度，是指个体在不失去勇气的情况下所能承受的压力程度。

分支内容三是幼年印记。阿德勒说，一个人的生命风格在五岁左右就通过自己的思想、行为塑造而成，而且可以这样保持一辈子。但是，生命风格不是天生的，也不是永恒不变的，而是由一个人的意志决定的，只要你愿意，生命风格随时可以改变。因为人在幼年时就设定了自己的优越目标，所有心理活动都会从自卑朝着优越的方向移动。阿德勒主张从社会经济地位、生理条件、性别、家庭星座、家庭管教等方面来探索个体生命风格。

阿德勒说，观人如观树。他喜欢用树来形容一个人的生命风格，生长在山顶的树和生长在山谷的树，即使是同样的品种，它们的风格也不一样。曾端真教授说，不能只见树不见林。树的根、干、枝、叶、花、果是表象，如果单一地看这些，就没有办法理解它为什么长成这样，只有看到树后面的成长脉络、树与树之间的拥挤程度，并考虑土壤、阳光、生长环境等因素，才能够对这棵树的成长有一个系统观。

如果用树和林来形象概述阿德勒心理学生命风格探源，那么可以形成如下图所示的图景：

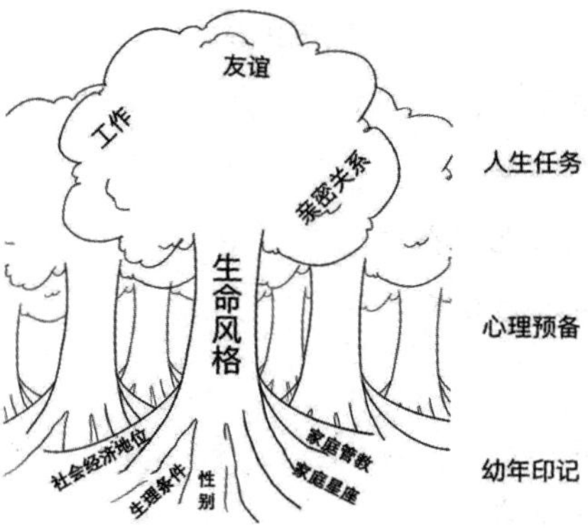

生命风格探源概述（制图：Sean Liu）

在内容上，本书分别从自我成长、爱情婚姻、亲职教育、情绪认知、人际关系、生活智慧六个方面阐述阿德勒心理学的核心思想——生命风格。主要的内容是依据阿德勒心理学的核心概念，亨利·史丹博士的论述，曾端真教授的系列著作、面授与教导，以及我跟随曾端真教授学习的个人心得，结合本人的生命故事撰写而成。

正文后还包括两个附录。附录一：听别人的故事，想自己的人生。这部分内容是我对奶奶、外公和父母的思念和感恩，见证我受惠于阿德勒心理学后自我生命风格的改变。附录二：自我疗愈历程。这部分内容是课程中老师和我一对一的晤谈示范，这帮助我对自我生命风格有了更深入的理解。

阿德勒说，有给才有得。这是无上智慧和社会情怀的高度体现，我们只有先思考如何贡献，如何付出，如何让我们身边的人更加从容自在，我们的生命才会更加灿烂。

最后，谨以一首小诗献给广大读者：

祝福生命

灵魂在求知中净化，
信念在阅读中升腾。
你自在了，他人也自在；
你发光了，他人也发光。

内心深处的温暖，
多么珍贵的生命力。
能为他人添一把柴，
点燃的是自己的勇气。

当你欣赏自己的时候，
就会有能力去欣赏他人。
肯定自己的人，
会有能力肯定他人。

把自己滋养到有足够的能力，
才能更好地照顾
你的亲人和朋友。

目　录

我们对他人的态度完全取决于我们对他人的理解，因此，我们要去理解他们，这是社会关系的基础。

——阿德勒

爱情本身不能解决任何问题，因为爱情有各种不同的样貌。唯有两个人之间的关系打下了“合宜的平等根基”，爱情才会走上正途，婚姻才能成功。

——阿德勒

第三讲　阿德勒心理学与亲职教育…………………………… 065

父母需要尽早地帮助孩子建立一个健康的生命风格，孩子在成年后才能更好地去承接他的人生任务。

——阿德勒

第四讲　阿德勒心理学与情绪认知…………………………… 111

我们只是利用情绪，而不应被情绪推动，受它支配。我们不能期待别人随时体察我们的情绪，沉默换不来别人的帮助，如果我们需要帮助，就要用语言表达出来。

——阿德勒

个体只有在拥有足够的社会情怀时，才能正确解决自身问题，因为所有错误都源于缺乏社会情怀。

——阿德勒

当我们开始去做自己力所能及的事时，世界不一定会因此发生改变，可如果我们什么都不去做，事情只会朝着更加糟糕的方向发展。

——阿德勒

/ 第一讲 /

阿德勒心理学与自我成长

我们对他人的态度完全取决于我们对他人的理解，因此，我们要去理解他们，这是社会关系的基础。

——阿德勒

阿德勒主张人类是一个不可分割的整体，我们的行为、思维和情绪情感都构成了这个整体。我们不能单独处理行为，也不能凭借片面的了解或局部的经验来对个体作出全面的评价，这就好比不能只凭摸象的一部分来了解整个大象。

他特别强调了“全人的图像”。生命风格就像人生的主旋律，而每个个体的心理表达则如同单独的音符。就像单个音符无法完全展现整首曲子的美妙，我们需要将每个音符置于整个旋律的背景下才能领略到它们的意义和象征。

第一节　虚构的世界

人们都需要设想出一套属于自己的虚构，才能在混乱的世界中找到生存的法则。

——阿德勒

在《神经质性格》一书中，阿德勒诚挚地表达了费英格思想对自己的影响。他表示："很幸运得以听闻费英格充满洞见的'仿佛'哲学，书中很多思想都跟我从精神官能症患者身上所发现的极为相似，其思想的有效性是经得起科学思维检验的。"虚构的终极目的论构成了阿德勒心理学的哲学基石，这一思想深受费英格的启发。

何谓混乱的世界？简单来说，就是每个人的主观经验、价值观和认知层面在这个世界上都各不相同，这源于每个人独特的生命故事和成长历程。

虚构，是个体主观的创造，就像我们戴上黑色眼镜，看到的世界就是黑色的；戴上红色眼镜，看到的世界就是红色的；戴上紫色眼镜，看到的世界就是紫色的。我们所见的，只是我们能够观察到的，而未见之物并不代表其不存在。

我们往往相信自己眼睛所见，误以为所见即为真实世界。然而，我们只是从所见的一小部分来窥探整个世界。因此，我们需要一种对自己而言是真实的虚构，将其作为行动和处事的准则，并从中获得安全感。

例如，我们常认为只要努力奋斗就会有所收获，于是我们按照这种设想去努力。虚构有其积极作用，设立虚构目标也是必要的，但若过度理想化就容易产生偏差。我们应该脚踏实地、实事求是，而不是沉溺于白日梦，期望一夜之间中大奖成为富翁。

阿德勒指出，个人的目标中带有一定程度的虚构并非坏事，有时虚构反而是必要的。然而，并非所有奋斗都能带来意义，关键在于根据个人实际情况设立适合自己的奋斗目标，因为方向比具体方法更为重要。

虚构通常是个体在幼年时的主观创造，这些虚构目标往往隐藏在个体的早年故事中。

我记得当我大约八岁时，坐在操场上。操场地势较高，周围有围墙，但从围墙外可以看到一片稻田，稻田前面是一条河，河对岸是县城。我静坐其中，暗下决心，总有一天，我要成为那个城市里的一员。

这些早年的经验告诉了我什么呢？

县城对我意味着什么？

围墙、稻田、河流，对于那时候的小男孩来说意味着什么？

早年的经验告诉我，我要成为一个志向远大的人。

县城对每个阶段的我意义都不同，小时候的我有着自己心中的“县城”，而如今成年后的我，目标也随时间而发生了改变。现在的我专注于传播阿德勒心理学，这是我的实体目标；志向远大、勇往直前的我，则是我的虚构目标；而围墙、稻田、河流，则是意志力的象征，告诉我必须克服困难才能到达“县城”。

那么，如何实现实体目标以满足虚构目标呢？通常，实体目标即为职业或角色，如今我致力于传播阿德勒心理学，成为一个能够帮助他人的人，即通过实现实体目标来实现我的虚构目标。

第二节　自我命题：人从何处来

一个人的性格在五岁左右就通过自己的思想、行为塑造而成，而且可以这样保持一辈子。

——阿德勒

中国有一句谚语说：“三岁看小，七岁看老。”

在我老家后院有一条小河，它是湘江的一条支流。小时候，我们几个小伙伴经常在河里嬉戏，而妇女们则在河边洗衣服、洗菜，渔民则在河里划船捕鱼。我至今记忆犹新的是，每当一艘长长的运沙船像一条巨龙般穿过河道时，我和小伙伴们就会兴奋不已地游向船边，勇敢地爬上去玩耍，然后又纵身跳入水中，那种乐趣真是无法言喻。

然而，尽管我描绘了这个场景，但其实这种童年的欢乐与我毫无关系，因为父亲决不允许我和他以外的任何人一起去河里游泳或嬉水。

有一天中午，趁着父母午睡的工夫，恰好有两个小伙伴邀请我去游泳，于是我们三个人就悄悄地出门了。在水里玩了一个多小时后，我预计父母差不多要醒来，于是我们便悄悄地回到了家。

然而，当我刚刚回到家，就发现父亲已经起床站在堂屋里。他问我：“你去哪里了？”我回答：“我在隔壁邻居家玩。”父亲似乎已经察觉到我去游泳了，看我不承认，于是便严厉地责备我：“我问你你到底去了哪里？”

我毫不犹豫地想要逃离家门，当时我们家的堂屋里有一个四方的八仙桌，我顺着八仙桌向外跑去，却被母亲拦住了去路。于是，我这个小孩被父亲用竹枝编织的藤条狠狠地打了一顿。当时我只穿着一条短裤，当汗水沿着身体上的伤痕流下时，我感到难以忍受。父亲打累了后，就愤然离开了，母亲也跟着离开了，留下我一个人在地上哭泣。

那时，我心中充满了怨恨：我到底是不是你们亲生的啊？我只是去河里游泳了一次，你们就要这样对待我吗？你们简直像魔鬼，我必须离开这个地方。

那时，我的潜意识深深地铭记了一个生命风格的自我命题——治愈之前的生命风格的自我命题：

我是：没有自由的。（自我观）

父母是：要控制我的。（人我观）

世界是：被人控制，是痛苦的。（世界观）

所以我要：离开这个家，走自己的道路。（人生决定）

这便是我与父母疏远的深层原因。我在潜意识中一直依赖着我年幼时创造的虚构目标（离开这个家，追寻自己的道路）来自我保护，以避免自卑感的涌现，维持自己的优越感。

在现实生活中，一旦我感觉到有人在要求、约束或控制我，潜意识就会像条件反射一样发出抗拒的信号。我的优越感受到了威胁，而通过抗拒，我才能感到安全。实际上，我活在自己的世界里，缺乏与他人的合作、贡献和勇气，我只在乎自己，表现出了以自我为中心的态度。

第三节　改写自我命题：人往何处去

一个人的性格不是天生、永恒不变的，而是可以由自己的意志决定的。只要你愿意，性格随时随地可以改变。

——阿德勒

在学习阿德勒心理学的第一年里，我在老师的指导下，持续进行自我探索和自我疗愈。因为要成为一名合格的心理咨询师，首先要有足够的心理空间，才能容纳他人的成长经验和生命故事。

为了修复与父母的关系，我开始探索我的原生家庭，回溯我的童年故事。在阿德勒心理学的研修课上，我画了一张家庭星座图。通过这个家庭星座图，我深入了解了父母的成长经验和生命故事。

父亲曾向我讲述他的故事：

当他十八岁时，准备入伍当兵。然而，他思虑到一旦离乡背井，可能便无法常回家乡，而且退伍后也需要应付各种工作。父亲对我的奶奶孝顺至极，因此决定在出发前尽可能为她做些事情。于是，他推着人力板车前往离家几十公里外的地方送煤。然而，意外发生在回程路上，父亲推着装满煤的板车穿越稻田时，车子不慎滑入低洼地带，他与板车一同翻倒进了水里。几吨重的板车将他的双腿压断，这意味着他的军旅梦成为永远的遗憾。尽管他的双腿在经过急救后得以保住，但由于当时的医疗条件有限，父亲的双腿还是留下了后遗症，使他成为三级残疾。

母亲也向我述说了她的故事：

她小时候是个非常优秀的学生，但她的同学们后来都取得了巨大的成就。每次同学聚会，她的同学们都极力邀请她参加，但母亲总是拒绝。直到我取得了一定的成就后，母亲才开始和她的同学们重新联系。

这是因为母亲曾经深受自卑感的困扰。在她14岁那年，我外婆因生病卧床不起，没有人能够照顾她。我外公要求母亲辍学留在家里照顾外婆。外公对母亲说："女孩子终究会嫁人，多读书也无济于事，所以你就不要再读了，留在家里照顾你的母亲吧。"于是，母亲做出了一个让她终生痛苦的选择。

有一次，母亲去医院为外婆抓药，外婆独自躺在床上。当母亲抓完药回到家时，发现外婆已经倒在地上。母亲跑过去抱住外婆，外婆告诉母亲："女儿，我可能活不了多久了。"然后外婆就这样在母亲怀中去世了。外婆的离去成为母亲一生中的永恒遗憾。

听完父母的生命故事，我热泪盈眶。我突然领悟到，我的父母并不是不爱我，反而是深深地爱着我。他们曾经的严格与约束并非源于对我的不信任，而是源于他们自身曾经经历的痛苦。他们不希望我重蹈覆辙，因此选择了特定的教育方式，来保护我免受伤害。

这时，阿德勒的名言在我的脑海中回响："如果你埋怨你的父母，你的父母也有他的父母。"在不知不觉中，我开始自我疗愈。我的潜意识被唤醒，我改写了我的生命风格的自我命题，我的伤痛得到了缓解。

经过心理疗愈后，新的生命风格的自我命题如下：

我是：被爱的。（自我观）

父母是：关心我的。（人我观）

世界是：温暖的、充满快乐的。（世界观）

所以我要：感恩我的父母，理解我的父母。（人生决定）

我们需要通过父母的生活经验来了解他们，而不是用他们的角色来要求他们。

小时候，我们将父母视为超人，认为他们无所不能，可以满足我们的一切需求。但实际上，父母和我们一样，都是普通人。我们需要将父母从高高在上的位置放下，将他们放到与我们平等的位置上去理解。这样，我们就能释怀小时候未能得到的满足。值得庆幸的是，在我父母的晚年，我能够很好地照顾他们。

探索生命风格的起源犹如一场冒险之旅。熟悉的情绪让人有操控力，如果放下熟悉的情绪，就可能会陷入不确定感的焦虑。幼年时期构建的人格原型是人格发展的坚固基石。回顾儿时的自己，有助于我们理解当前面临的困惑与挑战。

有人认为阿德勒否定了童年创伤，但这实际上是一个深深的误解。阿德勒强调，童年创伤只是客观存在的事实，而我们对这些创伤的解读则是主观创造的结果。

举个例子来说明这一点：

假设有 A（事件）、C（结果），

A 的事件不必然导致 C 的结果，

B（人）才是个体的塑造者，B 的人可以引发 A 的事件，也可以导致 C 的结果。

A+C 构成了硬性决定论，而 A+B+C 则符合阿德勒所主张的软性决定论。

以我自身为例：

A（事件）：我去河里游泳，父母对我严厉处罚。

C（结果）：我与父母疏远。

B（个体的塑造）

在疗愈之前：我认为父母就像魔鬼，他们严厉惩罚我是因为不爱我，所以我要远离他们。

在疗愈之后：我意识到父母也有自己的生命故事，他们对我施以严厉处罚是因为担心我出事，实际上他们是爱我的。

阿德勒指出，孩子是优秀的观察者，但由于缺乏理解能力，他们常常难以作出正确的判断。不论他们的判断对错如何，他们都会用自己的这些判断去建构自我的信念。

当我回到我小时候跌倒的地方时，我重新审视并理解了过去的情绪。小时候的情绪是客观存在的，但我已经成长为成年人，不能再用小时候的方式来应对现在的生活。卸下沉重的心理负担，我的生活之旅变得更加轻松愉快。阿德勒说，我们并不是受往事之苦，而是我们创造了让自己痛苦的往事。

第四节　万事皆取决于观点

万事皆取决于观点，任何事都可以有不同的样貌。

——阿德勒

一、改变观点以调整心态

阿德勒指出，我们对事情的观点并不能代表事实本身。大多数人听过塞翁失马的故事。

在边境附近，有一位精通术数的人。有一天，他家的马逃到了胡人那里，邻居们都来安慰他。他却说："谁能确定这不是件好事呢？"几个月后，他家的马带着一匹胡人的良马回来了，众人都来祝贺他。他却反问："又有谁能确定这不是灾难呢？"家里多了一匹良马后，他的儿子爱上了骑马。有一次，他的儿子从马上摔下来，摔断了大腿骨。邻里纷纷前来慰问，但他依然说："又有谁能确定这不是好运呢？"再过一年，胡人入侵了边境，所有年轻男子都被征召参战。大多数参战者都伤亡了，即使幸存的人也受了重伤。而他的儿子因为残疾而免于征召，保住了性命。

这个故事生动地诠释了阿德勒的理论：万事皆取决于观点，任何事都可以有不同的样貌。无论好事还是坏事，都可能转变为不同的形态。在这个故事中，福祸相倚，祸福难测。在这种情况下，我们需要调整自己的心态，以正确的态度面对这些变化。

二、从他人的观点理解他人

阿德勒指出，任何事都可以有不同的样貌。就像太极图一样，左与右共存，上与下相随，内在与外在相辅相成，白天与黑夜交替更迭，可见与不可见并存。重要的是，我们所能看见的只是我们能看见的，我们未曾看见的只是我们尚未发现的，而不代表它不存在。实际上，它们始终在那里，默默运作，等待我们去探索和发现。

有一次，我去接女儿放学，在学校门口等待时，我注意到一个穿着蓝色衣服的外卖小哥正在等待客人取餐。出于好奇，我礼貌地上前问道："我在大街上看到的大多是穿着黄色衣服的外卖小哥，很少见到像你这样穿着蓝色衣服的，这是为什么呢？"外卖小哥回答："黄色衣服的外卖小哥订单多啊，生意好啊。"这引起了我更大的好奇心："他们订单多、生意好，你为什么不去他们那边呢？毕竟你送外卖出来就是为了多挣点钱吧？"外卖小哥解释道："你看，穿黄色衣服的那些外卖小哥在大街上忙得不亦乐乎，客人对订单的速度要求也很高，他们不得不赶时间加速奔跑，这样很不安全。"

这次我猛然意识到，我和外卖小哥在观念上大相径庭。我认为他应当把握机会多赚钱，他却坚信保证生命安全远胜于获取金钱。我们之间的观念差异显著。

若外卖小哥的家人无法理解他的想法，可能会对他产生负面评价，比如："你怎么回事，出去赚钱还挑三拣四，连点苦都吃不了。"这样的评价很可能会加剧他们之间的紧张关系。然而，如果他的家人能够理解并支持他的想法，给予他正面的评价，比如："你真的非常辛苦，在外工作还要时刻担心安全问题，心系着我们的家庭，真的很不容易。"这样的评价无疑会使他们之间的关系更加和谐。

三、改变观点与态度以改变行为

我们常说待人处事要心平气和，但真正实践起来却不容易。为什么呢？从阿德勒的视角来看，要达到心平气和的境界，首先我们的思想和观点就必须平和。

举个例子，如果一位老师给孩子的父亲打电话说："你的孩子在学校不认真学习，总是捣乱。"父亲听到这个电话后，如果他内心有一个声音："你这个臭小子，老是给我惹麻烦，现在老师都找上门来了，看我怎么收拾你。"那么，他是否能对孩子做到心平气和呢？显然很难，因为父亲已经首先认为，自己的孩子就是不听话的。

那么，我们每个人的观点又是如何形成的呢？它源于我们的生命故事和成长历程。我们需要不断锻炼自己，用更为正确和客观的观点去看待他人，因为一个人的行为往往受其内在主观想法的影响。

阿德勒曾经讲过一个寓言故事：

恺撒大帝率领他的罗马军队进军埃及，登陆时却不慎摔倒在地。这一幕让他的士兵们十分紧张，他们认为这是一个不祥之兆。但恺撒大帝却迅速作出反应，他跪在地上，高举双手，大声呼喊："非洲我来了！非洲我来了！"士兵们也纷纷跟着高喊："非洲我来了！非洲我来了！"整支军队的士气顿时高涨。

这个故事告诉我们，一个人要想改变自己的行为，首先要改变内在的主观诠释。

有一位学员告诉我他患有社交恐惧症。我询问他："你能否详细谈谈你对社交恐惧症的理解？”他回答道：“我其实并不喜欢社交，我觉得社交很无聊。有时候不得不去参加社交活动，我不喜欢喝酒，却又不得不喝，以免被别人认为不合群。而在人与人之间的交流中，我感到需要不断揣摩对方的心思，这让我很疲惫。有时候场合很喧闹，让我感到十分烦躁。”

通过这位学员的描述，我们可以发现，他所谓的社交恐惧并不是源于他对社交本身的惧怕或厌恶，而是源于他对社交持有的观点，认为社交是无聊乏味的。因此，要战胜社交恐惧症，首先需要转变对社交的看法。

第五节　独特性：你我皆是独一无二

观人如观树。

——阿德勒

阿德勒认为，每个人都是独一无二的个体。就像世界上没有完全相同的两片树叶，即使是同一位母亲所生的兄弟姐妹，他们的个性也各有不同。

阿德勒常以树为喻，来描述人的生命风格。他说，就算是同一品种的树，生长在山顶与山谷之间，它们的生命风格也会大相径庭。

他认为，只有深入洞察个体的核心人格，才能理解其行为背后的真实意义。

以厌学、拒学的孩子为例，这些表面行为实则是其内心虚构目标的外在表现。孩子心中可能怀揣着超越他人的虚构目标，但这一目标往往并不为意识所察觉。这个潜在的竞争对手可能是父母、兄弟姐妹、老师或同学，这取决于个体的独特性格。

因此，面对这样的表面行为，简单的说教往往不能取得明显效果。唯有帮助孩子敞开心扉，理解他们是如何用错误的方式去实现自己的虚构目标，帮助他们与自己、与他人和解，才能使他们的虚构目标逐渐松动，令症状消失，从而引导他们放下心中的防备，重新回到校园。

如果不了解孩子的独特性，就无法给予他们恰当的指导和教育。

第六节　主体性：你的人生你做主

每个人都有着与生俱来的独特创造力，这股力量让我们成长。

——阿德勒

阿德勒强调，每个孩子天生的潜能都是独一无二的，因此他反对过度强调遗传因素和先天特质的说法。他认为，关键在于如何运用这些特质，而不是仅看重天生具备的条件。

阿德勒进一步强调："谁在用它？"虽然遗传和环境对个体的生命风格有所影响，但他更加强调个体独特的创造力。

举例来说，即使是妈妈肚子里的小婴儿，也会对父母有所渴望和期待，轻轻挥一拳、踢一脚、蹦一下，都是非常有意义的创造。

我们不应忽视这一重要事实：每个人天生都具备独特的创造力。

阿德勒反对宿命论，主张软性决定论。宿命论认为一切都是不可改变的，而软性决定论则相信个人是可以改变的。教育的最大存在前提就是相信人是可以改变的。

我非常崇拜一位功夫巨星，相信大家也都非常熟悉：李小龙。

小时候，我经常模仿李小龙的动作：双脚踮起来跳来跳去，突然一抹鼻子，右脚迅速抬起，一声"我打"长啸而出，幻想着战胜虚构的敌人。

在我心中，李小龙是力量和强者的象征。然而，后来我深入了解到，他并非天生如此强大；相反，他之所以开始习武，是因为身体并不健康，患有诸多疾病。

比如，在电影中我们经常看到李小龙脚尖着地，轻盈地跳跃，但谁能想到，他其实有扁平足，脚后跟难以着地。他那标志性的抹鼻子动作，并非为了耍酷，而是因为他自小就患有鼻炎。而他那锐利的眼神，竟源自一双近视600多度的眼睛。这样一个身体有疾患的人，却创下多项惊人的武术纪录，将身体机能发挥到极致，实在令人钦佩不已。

第七节　人性就在潜意识里

不做潜意识冲动的玩物，要做意识和情绪感受的主人。

——阿德勒

一、垂直故事

在阿德勒学派，我们通常将当前发生的事情称为水平故事，将过去发生的事情称为垂直故事。

如果一个人对生活中很小的事产生了过度反应，就表示一定有垂直故事。这时的垂直故事通常是一些早年的痛苦回忆，这些痛苦一直在潜意识里操纵着我们的人生，我们的意识层面为潜意识的故事承担着所谓的责任或代价。如果这些故事一直藏在潜意识中不出来，那么说不定什么时候被什么勾起，就会产生激烈的反应。有些人因为一点小事而大发脾气，他自己也感到莫名其妙，这是他潜意识中的某个心结被勾动了。

阿德勒说，人性就在潜意识里。阿德勒心理学是深度心理学，探究的是深藏于潜意识中的心理活动，帮助我们在个人成长、社会关系、亲密关系等方面获得健康的发展。

二、唤醒潜意识中的故事

潜意识中的故事需要唤醒，不仅要将它唤醒到意识层面，还需要将其拿出来讲述。讲述出来后，可能会引发情绪的释放，甚至可能会流泪，而流泪的过程恰好可以释放被压抑已久的情绪。

我想问读者一个问题：为什么男性比女性更难流眼泪呢？

这可能是因为彼此成长环境的不同。女孩子哭的时候，父母不会责骂太多，甚至会哄着她，而男孩子却不同，大人可能会说，男子汉大丈夫，有什么好哭的？好像哭泣是女孩子的专利一样。

小时候的成长经历对成年后的情感表达会产生影响，这正是阿德勒强调儿童人格教育的重要性之一。

眼泪是人类天生的一种珍贵表达方式。很多来咨询的人，在倾诉过程中会哭泣不止，但哭泣过后，他们会感到心情舒畅，心灵得到了疗愈，仿佛重获新生。

三、在潜意识中找答案

日常生活中常常出现这样的矛盾：衣服可能已经过时，或者尺码不再合适，明知穿不了，却舍不得扔掉，只能叠放在一旁。偶尔会想，如果还能穿该多好啊，甚至时不时还会想试穿一下。你有没有过类似的经历？旧鞋尺码不再合脚，但又舍不得放弃，努力往里挤脚，却走一圈就被磨出疼痛。这难道不是自讨苦吃吗？

潜意识中的早年故事就像这种疼痛，比如小时候父亲用藤条打我，那种痛是真实存在的，但如今我已经成年，为何仍然紧抓不放？这毫无必要，不能让这种痛成为我前进的绊脚石。我要释放那些错误的理解和情感，赋予它们新的意义。

当我们重溯自己的痛苦经历时，并不是要责怪或抱怨父母：“你小时候对我怎么样怎么样。”而是要与自己和解，认识到每对父母都会以自己的方式去爱孩子，我们要寻找通往幸福的新道路。

第八节　自卑感从何而来

自卑感不是“我不如他”的人特有的东西，就算是看起来非常优秀的人，心里也会感到自卑，只要还有目标要实现，就会有自卑感。

——阿德勒

什么是自卑感呢？当个体感受到危险、危急、失落、失望，或觉得自己不如他人，或处在某种社会情境下产生压力时，会产生一种不舒服的感觉，我们称之为自卑感。

那么，自卑感是如何产生的呢？主要有以下几个方面：

一、环境

我们成长的环境是怎样的？我们对生活有着怎样的看法？我们的生活观又是如何塑造的？这些方面并没有得到学校或家庭的具体指导，而是需要我们自己去探索和塑造。

我有一位来访者，他发现自己非常固执己见，一旦他的观点不被他人认同，他就会变得暴跳如雷。他具备自我觉察的能力，这是非常了不起的，但他无法解决自己的困惑，因此他前来咨询我，希望能够找到解决之道。

他在咨询的过程中，分享了一个童年故事：

小时候，由于爸爸妈妈非常忙碌，无暇照顾他，他被交给了爷爷奶奶和外公外婆。他在爷爷奶奶家和外公外婆家交替生活，每周一次。在他的记忆中，只要他犯了一点小错误，爷爷就会毫不留情地拿竹片打他的手掌，导致他手掌通红，疼痛难忍。然而，他无法反抗，只能默默忍受。

突然，他的话题发生转向："不过，外公外婆对我非常好。在我记忆中，他们从未伤害过我，无论是有什么好吃的、好玩的，他们总是第一时间想到了我。"

这个故事揭示了他的主观诠释：将事物划分为好与坏、对与错的二元对立思维模式。当提及坏事或错事时，他表现出自卑感；而当提及好事或对事时，他则表现出优越感。

潜意识层面的主观诠释影响着他意识层面的判断，潜意识的观点会影响他意识层面判断的结果。在现实生活和工作中，一旦他感到自己的观点得不到他人的接受或认同，潜意识就会自动出现自我保护，试图通过抗拒来让他人接受自己的观点，以此来回避自卑感并维护优越感，从而使自己稳居安全的地位。

阿德勒认为，支配我们行为的并不是我们的经验，而是我们对经验所下的结论。除非我们改变内在的主观诠释，否则我们无法改变行为。

二、教养

教养是一个家庭中非常重要的部分，而不同家庭采取的方式也各有不同。有些家庭可能倾向于开放式的教养方式，给予孩子更多的自由；有些则可能更倾向于封闭式的教养方式，对孩子实施严格的管控；还有一些家庭可能采取随机式的教养方式，这可能会考验父母与孩子之间的信任和合作。

然而，要理解教养，重要的不仅在于选择哪种方式，更在于抱持怎样的态度。方式只是外在行为的表现，而态度才是心理需求的体现。行为可能是生理功能的反映，但需求则涉及更深层次的心理功能。

从前，我在吃饭时总是默默无言，朋友和家人觉得和我一起吃饭很无聊。每当我想开口说话时，内心总是传来一个声音：吃饭是不能说话的。

这其实源于我小时候的家庭教养。在家人聚餐时，只要我说话，父亲就会严厉地责备我："吃饭还不能安静吗？"

这一经历让我形成了一个观念：吃饭时是不应该说话的。但事实上，这是一个误解。并非吃饭就不能说话，而是我自己给吃饭设下了不说话的自我限制。我没有意识到，家人和朋友共同用餐本身就是交流和联系情感的好机会。

在业余时间，我喜欢在小区散步，经常看到家长在儿童游乐场对孩子说话时充斥着"快点""小心""不可以"等词语。并不是这些词不能说，但是如果一个孩子从早到晚听到的都是这样的话："快点起床""小心摔跤""不可以吃这个""快点洗澡""不可以说话""快点做作业""小心别掉下来""快点睡觉"，那么，久而久之，这个孩子也会变得焦虑不安。

三、文化

我们从小在一个非常严肃地强调对错的文化中成长，尤其在爷爷奶奶那一代人眼中，对错观念尤为重要。

阿德勒指出，追求合理的是非对错本无可厚非，但若过分强调生活中每个细节的对错，就会使人变得焦虑。因此，我们需要深入理解并应对焦虑。

"不打不成器""养子不教父之过""棍棒底下出孝子"等说法常常误导父母，同时容易激起孩子的自卑感，导致人们设定错误的虚构目标。

举例来说，当爸爸责骂我或者打我时，我会感到非常难受。于是，孩子就会产生一个虚构目标：希望有一个不会责骂或打自己的理想爸爸。带着这样的虚构目标去面对与父亲的关系，孩子很容易产生对抗心理，采取对抗行为。母亲希望有一个无论说什么都听、无论安排什么都照做的孩子。带着这样的虚构目标去经营亲子关系，孩子不听话，母亲生气也就很容易理解了。

四、手足

认为在同一家庭长大的孩子成长环境相同，是一种片面的看法，因为这未考虑到每个孩子的生理状况和遗传情况都是不同的。

阿德勒指出，每个孩子都渴望成为父母心目中的太阳。

举例来说，独生子女常常是家庭中的焦点，得到了父母的万般宠爱。他们可能感受不到来自其他孩子的威胁，因为家庭中的注意力都集中在他们身上。然而，一旦有了弟妹出生，自卑感可能会油然而生。如果他们的社会情怀发展得不够健康，可能会以不良的方式对待弟妹的出生。例如，表现出排斥、讨厌，甚至出现动手打弟妹、试图说服父母把弟妹送走等行为。

五、遗传

遗传包括身体素质和人类潜能，这是我们与生俱来的。一个人遗传了什么并不是重点，而是他如何处理他的传承。

遗传是个体各种特质之一，每个人从幼年时就开始利用它们来创造自己的生活风格。尽管兄弟姐妹之间可能有一些相似之处，但他们的遗传特征不会完全相同，对这些特征的应用和看法也会有所不同。

为了更好地理解遗传的影响，阿德勒以榔头为例进行了说明：榔头是一种有用的工具，最初是用来钉钉子的，但在特定情况下也可用于其他用途，如作为武器、压纸器或防卫工具。因此，榔头是一种环境因素，是个体经验的产物，就像身体性质与个体遗传潜能一样。

马斯洛曾说："当你手里只有榔头这个工具时，你就倾向于把每样东西都当成钉子。"艾力克森也曾指出："我们不应该手持着锤子，而看待一切事物都是钉子。"

阿德勒强调，重要的是谁在使用这些工具。

六、性别

阿德勒是最早倡导男女平等的心理学家之一，他的心理学体系中出现了一个概念叫作"男性钦羡"。

在阿德勒的时代，男尊女卑的观念普遍存在。"男性钦羡"指个体追求强者形象的优越目标，如果无法达到这个目标，个体就会产生自卑感。后来，阿德勒将"男性钦羡"这一理念进一步发展成追求完美的概念，即"自卑与超越"。

尽管已进入新时代，一些传统家庭或落后地区仍存在重男轻女的现象。

有一位女性来访者是非常成功的企业家。她的父母重男轻女，导致她在成长过程中经历了不公平的待遇。尽管初中毕业后她选择了辛苦的打工之路，但她通过勤奋和努力逐步成为优秀的企业家。成功之后，她依然照顾着父母和弟弟，并为他们购买了房子。她这样做并不仅仅是因为与他们的感情，更是为了向父母表明：他们依赖弟弟是不可靠的，他们当初重男轻女是错误的。这是她潜意识中追求优越感、回避自卑感的表现，尽管她的意识层面并不自觉。

以上例子说明，男女都可能成为“男性钦羡”的受害者。

七、家庭

个体的主观知觉是根据自己的出生顺序、性别、家庭成员、家庭氛围、家庭价值观以及父母的教养方式等因素产生的，并为自己设定了一个心理位置。

曾端真教授指出，每个孩子对家庭生活的主观认知都是独特的，重点包括：父母给了孩子什么、父母没有给孩子什么、孩子希望从父母那里得到什么以及孩子如何在兄弟姐妹关系中建立自己的心理位置。

我曾认识一户人家，他们家有五口人，三个孩子都是男孩，而母亲是聋哑人，父亲则是小偷。父亲时常被警察抓捕，但每次放出来后都继续偷窃，无法改变。

可以想象，在这样的家庭环境中成长是非常痛苦的。这些孩子深感自卑，很难健康地成长。他们在学校经常偷同学的东西，这一行为后来被老师发现，导致老师对他们产生了直接的怀疑。由于学校无法妥善解决这一问题，最终不得不劝退这三个男孩。在这种环境下，他们的社会情怀没有得到良好的培养，最终走上犯罪道路，前程尽毁。

读者可以思考，在这个故事中：

父母给了孩子什么？

父母没给孩子的是什么？

孩子希望从父母那里得到什么？

孩子如何在他的手足关系中建立自己的心理位置？

阿德勒指出，家庭教育的核心在于父母是否传递了社会情怀。如果孩子承受着沉重的自卑感，渴求绝对安全的优越感，就可能形成违背社会情怀的生活风格。

八、生理

阿德勒提出了个体心理学术语“器官缺陷”。他认为，个体的身体缺陷或器官功能不足，如肢体残疾、感官器官功能障碍等，会导致个体产生自卑感。这种感觉通常来自和他人的比较，而不是单纯对自己身体状况的不满。为了克服这种自卑感，人们会尝试采取一些措施来弥补身体的不足。这意味着他们可能努力提高自己不足的那部分能力，也可能通过发展其他技能或才能来平衡自己的不足。

阿德勒认为，这种努力弥补的过程可以是非常积极的。如果一个人能够正面地处理自己的不足，并且通过这个过程发展出新的技能或才能，他们有时候甚至能够取得比一般人更出色的成就。现代画家伦巴赫只有一只眼睛，波兰画家马泰伊科是一名高度近视者，狄摩西尼虽然口吃但仍成为希腊最伟大的演说家，贝多芬虽有耳疾却成为举世闻名的音乐家。这些故事告诉我们，如果我们能够接受和认同自己的经验，就会更加努力地面对生活中的挑战。

对于自卑感，很多人存在一种误解，认为它是一种不良现象。然而，自卑感是很自然的，几乎每个人在成长过程中都会经历。阿德勒认为，自卑感无法完全消除，事实上也不需要完全消除，因为它也可以是人前进的动力。自卑感是大自然给予人类的祝福，鞭策我们去克服生活中的各种困难。其中关键在于如何运用它：善加利用，自卑感可以成为我们前进的垫脚石；若处理不当，自卑感可能会成为我们的绊脚石。

第九节　超越自卑的方法

自卑是我们前进的动力，要超越它就要用正确的方法。

——阿德勒

一、超越自卑感以获得优越感

当我们面对困难时，常常会激发一种克服自卑感的动力，推动我们朝着成长、成就和弥补缺陷的方向努力，这个过程被称为超越。超越是一种能力，它不要求我们一步登天。相反，超越强调方法，就像跳高运动员一样，他们逐渐提高跳高的高度，从一米五、两米到两米五，一步步地进步。每跳过一个目标，都会带来成就感，让人为自己的进步欢呼。如果一开始就设定最高目标，未能达到时就会感到挫败。

优越感是我们为自己设定的补偿自卑的目标，它与自卑感之间存在对称性。因为自卑感的存在，所以我们会努力追求优越感，这便是所谓的优越目标，是我们自己虚构的目标。

自卑感本身并非坏事。在我的生命中，曾经有一种自卑感，那就是渴望被认可。恰恰是这种渴望被认可的自卑感一直鞭策着我不断努力、不断创造，直至今日我仍然持之以恒。这种自卑感已经成为我生命中最好的伴侣。

我大约在八岁时开始产生渴望被认可的自卑感。

我有一个姐姐，比我大不到两岁。她小时候学习非常出色，说她拿奖拿到手软，一点也不夸张。有一个场景，即使几十年过去了，我仍然清晰地记得。

有一次我走进房间拿东西，刚刚踏入门槛，就看到房间的左墙上挂满了奖状。我不由自主地慢慢转过身，面对着那挂满奖状的墙壁。

那个画面现在依然如此清晰，奖状共有四排，从左至右贴满了上面三排，而第四排还剩下三张未贴。我的眼睛像扫描一般，从左至右、从上至下地审视了那四排奖状，却发现没有一张是我的。

可以想象，在那一刻我感受到了多么大的自卑，在面对那挂满奖状的墙壁时，我仿佛感受到了一种被排除在外的沮丧。小时候，父母对姐姐有特别的关照，寄予了特别的期望，我想这是合理的，也是正常的。然而，面对姐姐的出色表现，我很清楚自己无法在学业上超越她，于是我寻求其他方面的发展，展现自己的独特之处。

放学后，我努力承担家务：挑水、除草、割稻、插秧、挖地等；周末，我带着家里的农产品到集市上兜售，所得全部交给父母；假期，我还去做兼职，挣钱给家人。我希望通过这些劳动让父母注意到我，获得我渴望的优越感。

回顾过去，小时候的自卑感激励了我前行的步伐，我带着它不断克服困难，才有了今天的成就。自卑感并非坏事，关键在于如何应用它。遗传和环境的影响固然存在，但更重要的是我们如何利用这些经验。

二、找到性格缺陷以改变人生态度

阿德勒心理学被视为一门生活的科学，它教导我们生活的常识，帮助我们认清自己的人生目标，并活出生命的真正意义。

一百多年前，阿德勒在一次演讲结束后，一位精神科医生走上前对他说："阿德勒博士，您讲的都是常识。"阿德勒微笑着回答："常识并不是坏事，关键是很多人缺乏这些常识。"

在日常生活中，许多人都知道这些常识，但是否能够付诸实践呢？这是一个值得深思的问题。

例如，六祖慧能大师曾说："吃饭的时候吃饭，睡觉的时候睡觉。"这句话看似简单，却蕴含着至高无上的智慧。很多人往往因自卑、焦虑而希望自己能一心多用，以为可以提高效率。

例如，当妈妈责备一年级的孩子把字写得歪七扭八时，她可能太着急，忽视了孩子刚学写字的事实，这种忽视会让孩子产生深深的自卑感。

例如，冲动是魔鬼，欲速则不达，这是我们生活中的常识。

我们一般都知道以上的常识，却往往难以做到。从知道到做到、从理解到实践，存在一定的距离，此时还需要一种人生态度。

阿德勒认为，人生态度对个体性格的形成起着决定性作用。只有当一个人意识到自己性格上存在缺陷时，才会努力去改变。

婚姻生活中有一句俗语：夫妻没有隔夜仇，床头吵架床尾和。然而，在现实婚姻中，有些夫妻吵架后常常彼此冷战数天，令心与心之间产生了距离。在亲朋好友劝说他们时，反而会激起他们更加倔强的态度。劝告就像北风一般，越是强劲，他们的固执就会越加坚决。他们听到的是："连你也说我倔强，好，我就更倔强了。"这样的情绪处理方式往往会使夫妻二人因小事而闹得很不愉快。

这些行为通常是由潜意识主导的，他们可能并不自觉。他们被潜意识的倔强支配着，这种倔强源自他们过去的生命经验和生命故事。他们成为自己潜意识冲动的玩物。

理解人性就是理解一个人潜意识心灵的运作。正所谓“知行合一”，潜意识里的冲动会影响人们的行为。若能理解到这一点，我们就能减少单纯以劝告的方式去解决问题，更多地去理解。只有当一个人意识到自己性格上存在缺陷时，才会试图去改变。

三、老地图找不到新航线

早年回忆如同隐形地图，隐含着个体的生命风格。在幼年时期，因为语言发展还未成熟，我们常以二元对立的模式理解世界。早年回忆是我们的内在装备，潜意识中携带着幼时的优越目标和私人逻辑，用以应对现在的生活。阿德勒认为，记忆并非随机，而是个体基于当前感受、观点及关注点所作的选择性回顾。

我曾是一个极度好强的人，这种性格让我在学业和事业方面都取得了不小的成就；然而，好强的性格也让我难以接受被拒绝、被要求或被束缚，这给我的人际、婚姻和亲子关系带来了一些挑战。阿德勒认为，一个人拥有什么并不重要，重要的是如何运用他所拥有的。

我七岁那年的暑假，父亲要我去割猪草，但我因为贪玩，并没有去完成任务，而是和小伙伴们出去玩了。

傍晚时分，我意识到还没有割到一棵猪草，心里焦急地往回走。路过姑姑家时，她问我：“你怎么在这里？”我告诉她：“爸爸让我去割猪草，但我去玩了，没割到猪草，现在不知道怎么办。”姑姑对我说：“来，我去菜地摘些快要凋谢的菜叶给你，否则你父亲会责备你的。”

我高兴地挑着菜叶回家。途中，一位老大爷拦住我问：“这担菜叶哪来的？”我回答：“是我姑姑给的。”但老大爷却大声斥责：“哪是你姑姑给的，明明是你在我家菜地偷的。”我坚称是姑姑给的，但老大爷坚持要我带他去找姑姑。

我只好挑着菜叶引路，老大爷跟在后面，仿佛是警察押着罪犯，我心里十分不安。到了姑姑家，她训斥了老大爷，我才得以继续挑着菜叶回家。

从早年记忆中，我深刻体会到强者和弱者之间的鲜明对比：一个小男孩被父亲要求去割猪草，一个小男孩得到姑姑的关照和帮助，一个小男孩挑着沉重的菜叶回家，一个小男孩被老大爷押着往回走。

那时，我的潜意识里塑造了一个弱者的形象，这成为我自卑感的源头。自卑感和优越感相互映照，我因自卑而追求优越，进而驱使我成为强者。我带着这潜意识里的装备来应对生活：我不想被他人安排，不想被压制，也不想被束缚。

然而，我的自卑感使我过度关注别人的看法，忽略了自己和事件本身；而优越感则使我过于自大，轻视他人和事件。这两种心态都是不健康的。

健康的标准是自己、他人、事件这三者达到平衡，如下图所示。

我的自卑感驱动我把他人放大，
把自己和事件缩小。
如图：

我的优越感引导我把自己放大，
把他人和事件缩小。
如图：

健康的标准：自己、他人、事件
三者平衡

当一个人的内心被自我填满时，就没有空间容纳其他人或事件。要留出适当的心理空间，让每个人都能好好相处，正如阿德勒所强调的：世界大同，你我共好。

重新审视和理解生命经验是至关重要的，寻找生命的意义需要理解生命的成长历程，每个人都带着童年塑造的生命风格来应对当下的挑战。

在领悟到这一点后，我感到释然。我不再觉得自己是一个弱者，也不再需要努力成为一个强者，我已经拥有了平等的自我观和人我观。

整理自身是一项持续的任务，尤其在帮助他人之前，我们更需清晰自我。人只有接受自己，才能够真正地接纳他人；人只有给予自己鼓励，才能够真正地鼓励他人。

阿德勒说，老地图找不到新航线。

我凭借自己的勇气和智慧，为未来的人生绘制了一幅崭新的地图。

第十节　社会情怀：走出自我的封闭圈

用他人的眼睛去看，用他人的耳朵去听，用他人的心去感受。

——阿德勒

一、社会情怀的力量

阿德勒认为，所有烦恼都是人际关系的烦恼。这就是社会情怀的力量。社会情怀是阿德勒心理学的核心概念，贯穿于整个理论体系。只有理解了社会情怀，才能真正理解阿德勒心理学的其他概念。

社会情怀，也被称为社会责任或社会情感，它代表着对他人的关心和利他的态度，是判断身心健康的一个标志，同时也是与他人建立正面联系的一种能力。个体需要与他人建立积极深刻的情感联系。

阿德勒强调的社会嵌入性，说的就是人与人之间的关系。我们始终处在各种关系之中，当我们把自我放大时，关注的是自我需求，容易疏远他人，缩小了社会情怀。相反，当我们将自我缩小，更关注他人的需求时，社会情怀就会被放大，我们的关系也会更加融洽。

社会情怀的核心理念是合作、勇气和贡献。在人生的三大任务——工作、友谊和亲密关系中，合作是不可或缺的。为了社会的进步，每个人都应该在自己的领域内尽职尽责，发展自己的能力以造福他人，并为社会作出贡献。

个体心理学认为，人生的意义在于对社会的关怀和贡献。正如伟大的生物学家达尔文所言："弱小的动物都是群居的。"人类没有狮子或老虎那样锋利的牙齿和利爪，从人类的演进历史来看，我们并不足以独自生存，需要依靠合作。与社会和谐相处是人类生存发展的关键。

阿德勒认为，人的生命是有限的，只有凝聚众人的力量，生命才得以延续。

二、社会情怀需要后天培养

虽然社会情怀是个体内在的潜能，但它也需要经过后天的培养与唤起。

阿德勒认为，个人内在合作潜能最早在与母亲的关系中体现。孩子最初与母亲接触，这是培养其社会潜能的第一个机会。然而，即使在这个最初的阶段，也可能存在错误。

如果母亲不关注孩子的社会发展，忽视孩子必须与更广泛的人群接触的事实，或者只让孩子的兴趣局限在自己身上，而不鼓励他与其他人建立联系，那么孩子就可能缺乏应对社会挑战的心理准备。

因此，家庭教育的核心在于父母是否传递了社会情怀。

让我们以一个 Wi–Fi 图案为例来思考。刚开始，每个人都处于自我中心的阶段，就像 Wi–Fi 图案中最小的一个黑点。然后，我们出生了，遇到了家人，就像 Wi–Fi 图案上出现了第一条小弧线。接着，我们上学了，开始接触到更多的同学和老师，这时 Wi–Fi 图案上的弧线变得更宽了。进入社会后，我们会与各行各业的人打交道，此时 Wi–Fi 图案上的弧线变得更加宽广。随着我们走向更广阔的世界，我们会遇到更多各行各业的人，就像 Wi–Fi 图案上的弧线不断扩展一样。要想与更多人和谐相处，就需要更多的合作、贡献和勇气。

阿德勒指出，一个人的成功程度取决于他的社会情怀程度。想象一下，当 Wi-Fi 信号消失，信息无法传达时，我们就与外界失去了联系，从而会陷入自我中心，感到孤独和痛苦。父母教育孩子要控制游戏时间、不要拖延、不要挥霍金钱、多读书等，这些都是正确的价值观，但为什么有些孩子听不进去呢？其实是因为在沟通中，父母没有与孩子建立起情感连接，没有向孩子传递社会情怀，令孩子觉得父母只是想要控制他们，于是产生叛逆心理。

社会情怀是个人发展的基石。带着社会情怀的孩子，将以奉献社会的态度去克服自卑感。而缺乏社会情怀的孩子，则会采取远离人群的方式来掩饰内心的脆弱。与孩子交流时，要展现出积极的态度，给予正面的回应，这样才能产生良好的教育效果。我们需要让 Wi-Fi 信号保持畅通，确保良好的连接。

/ 第二讲 /

阿德勒心理学与爱情婚姻

爱情本身不能解决任何问题，因为爱情有各种不同的样貌。唯有两个人之间的关系打下了“合宜的平等根基”，爱情才会走上正途，婚姻才能成功。

——阿德勒

阿德勒认为，衡量一个人是否准备好步入婚姻生活有千万种方法。

在恋爱中，如果约会总是迟到而又没有合理的解释，这可能意味着对未来生活缺乏决心，对应付生活问题的准备不足。同样，缺乏朋友且社交能力不强的人，可能也没有做好进入婚姻的准备。

阿德勒指出，恋爱并不能完全展示真实的婚姻生活。在恋爱中，面对的人生任务相对较少，但一旦步入婚姻，各种需要共同应对的挑战就接踵而至。生活中的困难需要勇气去面对，如果一个人缺乏足够的勇气来迎接婚姻生活中的挑战，那么在困境和压力面前，很可能会选择逃避。

第一节　带着爱出发

婚姻代表爱情的高峰，是人生的新起点，而非结束。

——阿德勒

一、婚姻是新生活的起点

我们常听说，爱情是通往婚姻的桥梁，小说也经常以才子佳人喜结连理为故事结局。这让人误以为婚姻是终点，但实际上，婚姻只是新生活的起点，需要双方怀揣着社会情怀，不断给彼此鼓励和支持。

1997 年正月初六的晚上，一辆从湖南邵阳开往广东广州的绿皮火车缓缓驶入我老家县城的火车站。拥挤的站台上人头攒动，我和太太在亲朋好友的帮助下费了九牛二虎之力，艰难地挤上了车厢。车厢里人满为患，各种气味混合在一起，让人感到头晕目眩。我和太太面对面站立，我腰间缠着太太的长丝袜，装着我们的创业资本，这些钱对我们来说至关重要。

整整 24 小时的车程，我们没有喝水，没有吃东西，车厢的拥挤让我们几乎无法移动。第二天晚上，终于到达了广州火车站，我们疲惫不堪地走出了车站。眼前是一片灯火辉煌、车水马龙的景象，高楼大厦在霓虹灯下闪烁。我们对视了一眼，感受到了内心的勇气和力量。在那一刻，我们心怀坚定，这里将是我们实现梦想的地方，是我们新生活的起点。在这里，我们共同创办了公司，买下了房子，共同承担生活的责任，并育有了孩子。

没有一对夫妻是完美无缺的，但通过合作、贡献和勇气，我们在婚姻生活中体现了社会情怀。我们用自己的勇气和努力，开创了自己的新世界。

二、用成熟的爱维持终身的承诺

在这一节，我们主要谈谈为爱而结婚这件事。

在婚姻中，需要双方做出一个终身的决定，也唯有在这种决定终身在一起的承诺下，才是真正的爱和真实的婚姻。

——阿德勒

阿德勒认为，幸福的婚姻是人类延续后代的最佳途径，婚姻的目标应该是这样的。如果我们只把责任局限于短期，或者将婚姻看成一场试验，那么就无法真正为爱情奉献。如果我们心存逃避，就无法全心全意地投入这个任务。我们不能一边说爱，一边又限制爱。

曾端真教授指出，在生活任务中，爱情关系需要勇气、自信和对对方的信任；在爱情关系中，一个人的社会情怀经常会面临严峻考验。

如果问一个已婚的人为什么结婚，很可能的答案是：因为爱情。那么爱又意味着什么呢？爱可以分为浪漫的爱、虚伪的爱和成熟的爱。

（一）浪漫的爱

我曾经有一位女学员，她在与丈夫发生矛盾后给我打电话诉说。我问她："你最初被你丈夫的哪些品质吸引了？"她生气地说："当时他非常好，体贴入微，关怀备至，每个节日都会送我鲜花、包包，还经常安排浪漫的烛光晚餐。那时候，他的浪漫感动了我。可现在，节日都没什么礼物，更别提烛光晚餐了，有时候还要我亲自下厨给他做饭。"

为什么婚前你们互相欣赏的品质，婚后就似乎不复存在了呢？其中一个重要原因在于，我们自身也会发生变化。婚前，她在他营造的浪漫氛围中，感受到了一种优越感；而婚后，当她觉得他懒得再去创造浪漫时，她感到了一种自卑感。当个人的情感需求得不到满足时，那份理想中的爱情也就开始破灭，这便是浪漫的幻灭。

（二）虚伪的爱

有一次我去打高尔夫球，碰到了一位女球童，她正在抽烟。我随意地问："你也抽烟吗？"她叹了口气说："刘老师，如果不是为了我两岁的儿子，我可能早就离开了。"我感到非常吃惊，但我鼓励她说："你对你的孩子真的很有爱心。"她的情绪稍微平静了一些："是啊，情况已经是这样了，为了我的孩子，我得坚持下去。"我接着问："你丈夫呢？"她无奈地回答："别提了，就是这个没良心的家伙害了我，上个月他突然消失了，还骗走了我八万多块钱，我和孩子现在手头紧张。他甚至连给孩子买奶粉的钱都骗走了，不然我也不会把两岁的孩子送回老家，让父母照顾，自己出来做球童。"我问："你当初是因为什么原因被他吸引了？"她回答："他长得帅啊，就是因为他帅，现在看来，真是太盲目了。"

在虚伪的爱情中，对伴侣更多的情感可能是占有、利用和虐待，这种不正常的感情很难持久，往往会导致婚姻的破裂。

（三）成熟的爱

阿德勒指出，爱情是一项需要双方具备社会情怀的互惠任务，而不是提供给那些缺乏社会情怀的人的"灵丹妙药"。

马斯洛，一位著名的心理学家，认为成熟的爱是将对方的需求视为自己的需求，同时也将自己的需求看作对方的需求。

三、不成熟的婚恋现象

许多婚姻问题都源于因不成熟的爱情而结婚。以下是一些不成熟的爱情导致婚姻问题的例子：

有一位女士，在婚姻中忍受了十多年的家暴，却依然选择不离婚。她努力维系着这段婚姻，但这种做法是错误的。阿德勒认为，这是一种神经质的需求，即对配偶的期待和需求并不健康。主要表现在：不合作的生命风格、以自我为中心、过度追求优越的目标。然而，这样做，受苦的是自己，受伤害的也是自己。

另外一位女士，当年找了一个男朋友，却遭到了父亲的极力反对。在父母的压力下，她随意找了一个不喜欢的人结婚。父母的反对并不意味着一定要听从，而是应该与父母商量，并从他们的经验中汲取教训。如果带着对抗心态进入婚姻，试图去控制配偶，与配偶对抗，可能会导致婚姻失败。

还有人结婚是为了满足自己照顾他人的欲望。配偶可能有赌博、酗酒、暴力等倾向，不务正业，明知这些都是不良行为，但她却心甘情愿地照顾他，想通过牺牲自己来满足自己对价值感的需求。这样的婚姻其实非常辛苦。我们不应该期望结婚前已经表现出很不负责任的人，在结婚后会有所改变，这种可能性很小，即使有，风险也很大。

还有人是在父母的催婚压力下，或者看到身边的同学、朋友都已经结婚，担心自己成为“单身贵族”而匆忙结婚。

有些人依赖性较强，害怕独立，因此草率地找了个人结婚，以免面对独立生活的重担。实际上，这是因为他们对婚姻的认知不足，不了解在婚姻生活中也须对彼此负起责任。

也有人因为失恋，担心被他人嘲笑，或者出于对前任的报复，随意找了一个人结婚，以此来证明自己也是有人爱的。

还有人担心与对方分手后对方会自杀，害怕对方不再相信爱情而选择孤独终老，或者因为罪恶感而勉强与对方结婚。然而，太多案例已经证明，勉强的婚姻是不会幸福的。

一些传统观念认为，恋爱后就必须结婚，或者有了性关系就必须结婚。如果因为这些传统观念而匆忙结婚，那真的太不理智了。

第二节　婚姻是爱情的极致表现

若要圆满解决两人合作的问题，那么伴侣关怀对方的程度必须更甚于自己，这是爱情婚姻成功的基础。

——阿德勒

一、婚姻需要双方付出与奉献

阿德勒认为，婚姻是爱的最高境界，是对伴侣最深的奉献，表现在生理吸引力、伴侣情谊以及生育子女的决定上。

曾有一位女士前来咨询，她来自广西，她的丈夫则是云南人，两人在广州相识。通常情况下，他们可以选择女方迁往男方的故乡，或者在广州共同建立家庭。然而，由于女方家庭正在进行征地拆迁，每增加一个人就意味着获得额外的分配，因此他们商定让男方入赘女方。随后，他们育有一子，婚姻生活也十分美满。然而，在儿子八岁时，他们却选择了离婚。丈夫带着儿子返回云南，他表示无法适应广西的生活，而且家中还有年迈的父母需要照顾。而妻子也有同样的理由，她亦无法适应云南的生活环境。

有人可能会认为，适应某个地方的生活方式是个人问题，但实际上，婚姻与家庭有着密不可分的关系。如果个体对原生家庭的依恋度过高，自我成熟度不足，无法区分感性与理性，就会缺乏独立性和自我价值感，无法包容和理解双方的生活经验、成长背景、生命风格和价值观。

在恋爱时，人们往往选择与自己优越目标相符的伴侣，沉浸在爱情的甜蜜中。然而，恋爱并不代表真实的婚姻生活，而婚姻则是长久的关系，会受到现实生活的各种考验。

在婚姻关系中，阿德勒强调了两个重要方面的观察：

1. 与伴侣双方有关的社会情怀。在婚姻中，双方的社会情怀非常关键。这意味着彼此需要关心和支持对方在社会中的角色和责任。只有当双方都以积极的社会情怀互相支持时，才能真正实现婚姻的共赢。

2. 永恒的爱情观。要实现永恒的爱情观，必须两个人共同合作，并且在完全平等的基础上进行。任何一方的推卸或对抗都会破坏合作关系。因此，婚姻是需要两个人共同努力经营的任务。

阿德勒认为，只有当夫妻双方都真诚地关心对方时，才能建立平等互助的关系。如果双方都致力于奉献，就不会有一方感觉被压制或被忽视。真正的平等意味着双方共同努力，让对方的生活更美好、更丰富。这样，每个人都会感受到安全感、价值感，并且知道自己是不可或缺的。因此，婚姻的真正保障和幸福在于，你感受到自己是有价值、不可替代的，你的伴侣需要你，你不仅是伴侣，更是良友和支柱。

二、婚姻需要把伴侣的感觉放心上

阿德勒强调，在婚姻关系中，要重视对方的感受，这意味着要注意对方的喜好和爱好，并尽量满足和迁就对方。但是，有人可能会有疑问：如果我一直顾及对方的感受，那么对方是否会顾及我的感受呢？这确实非常考验社会情怀。在婚姻中，适度的妥协是解决问题的良方，而过分坚持自己的立场则会成为婚姻中的毒药。

我的太太是素食主义者，而我是荤食主义者，我们的不同生活习惯确实给我们的生活带来了一些困扰。为了解决这个问题，我需要理解和接纳她的生活习惯，并且尽量满足她的需求。例如，我会控制菜肴的分量，做丰富多样的素菜，并且尝试提升我的素食烹饪技巧。而在我做出这些努力后，我发现我的太太也会考虑我的感受，经常给我做一些我喜欢的荤食。

阿德勒提到，我们应该用正确的感觉去做正确的事情。如果因为我是荤食主义者而不顾及太太的感受，只做荤菜而不顾及她的素食需求，那就是错误的。同样，如果我只顾及太太的感受而不考虑自己的需求，也是错误的。我们需要平衡双方的感受，这样才能顺利地进行情感交流，避免固执己见。

在挑选伴侣时，除了需要考虑身心健康和吸引力等方面的条件，我们也应该重视以下能显示出社会情怀的指标：

1．维持友谊的能力：一个有社会情怀的人会懂得如何建立和维持友谊。他们具备与人相处的技巧，能够在人际关系中展现出真诚和包容。

2．对工作的兴趣：具有社会情怀的人通常对自己的工作充满兴趣和热情。他们不只是为了赚钱而工作，他们也热爱自己的职业，愿意为之努力付出。

3．主动关怀伴侣：具有社会情怀的人会时常关心并主动照顾伴侣的需要，而不是只关注自己的需求。他们会在乎伴侣的感受，并尽力为对方创造幸福和舒适的生活环境。

三、婚姻需要双方合作经营

阿德勒认为，婚姻是需要两个人共同努力经营的任务。

德国的一个小乡村有一种风俗习惯：一对未婚夫妻在结婚之前，亲朋会赠送他们一把两头拉的锯子，然后邀请他们一起去锯树枝。家人、朋友和邻居会观察他们在锯树枝的过程中的配合和合作程度，以此来判断他们是否准备好共同步入婚姻殿堂。

2003年，我正处于经营企业的高峰期，但突如其来的“非典”疫情和管理失误使我遭遇了沉重的打击。公司面临巨大的困境，财务总监建议我离开，但我拒绝了。我深知如果我离开，很多人将陷入困境。即使财务总监后来选择了离职，我也决心留下来面对困境。回到家后，我向太太坦白了现状。她没有说什么，只是平静地握着我的手，这让我感受到了巨大的力量和支持。没有孩子的我们选择共同面对困境。

在我们的共同努力下，以及许多老员工的支持下，我们用了短短两年时间将企业转亏为盈。2005年，女儿出生，2007年，儿子出生，我们共同克服了一切困难，爱情的力量让我们的生活变得更加充实。

阿德勒说，爱情不仅是一项互惠任务，也是建构社会情怀的过程。忽视爱情意味着无法理解婚姻的真正含义。婚姻代表爱情的高峰，是人生的新起点，而非结束。

尼采说，婚姻就像一场长期的对话。当决定进入婚姻时，我们应该问自己是否能与伴侣共同携手走过一生，是否能在白头偕老的同时还能保持幽默与温情。

四、婚姻需要先有健康的自我

一位学员找我探讨了关于家庭成员排序的问题。他表示，在他心中，家庭成员的排序是老婆排第一，孩子排第二，父母排第三。

对于这名学员的家庭成员排序问题，我也没有标准答案，我只能从阿德勒心理学的观点来阐述。

阿德勒是最早研究家庭系统的伟大心理学家。他认为，人生有三大任务：工作、友谊和亲密关系。这些任务也是人际关系的任务。

很多人会把亲密关系理解为只是爱情或婚姻，但实际上，亲密关系包括亲子关系、夫妻关系以及父母关系。亲密关系是一种非常微妙的连接，就像一个系统，各个家庭成员之间紧密相连。阿德勒把这种现象比喻为家庭星座，其中的每个成员都在系统中扮演着特定的角色。

有些家庭存在婆媳关系不和的现象。虽然婆媳关系仅仅是家庭关系中的一个组成部分，但它的不和谐会波及其他关系，包括父子关系、母子关系、夫妻关系，甚至祖孙关系，这就是所谓的“牵一发而动全身”。

当婆媳关系不和时，人们往往习惯于在婆媳身上寻找原因。有人会责怪婆婆，有人则认为是媳妇的问题。但阿德勒指出，任何行为背后都有其故事，任何事情都有不同的可能。实际上，婆媳关系的不和通常是母子关系的投射，这才是问题的本质所在。

为了理解这一点，我们可以考虑儿子结婚前后的情况。在结婚之前，儿子通常与父母同住，对父母的照顾和关注较多。然而，一旦结婚，儿子就会拥有自己的家庭，与父母相处的时间会自然减少，对父母的关注也会减少。这种变化可能会让母亲感到失落和不安，她可能会觉得自己辛辛苦苦养大的孩子离她而去。因此，她可能会试图夺回失去的关爱，甚至采取一些不利于婆媳关系的行动。

然而，儿子也不应一味责怪母亲。他需要意识到，母亲的行为往往受到潜意识的影响，她可能并没有意识到自己的行为是出于这种不安。母亲行为的背后有着复杂的故事，与她的成长经历和家庭动态密切相关。

因此，我们在处理婆媳关系不和时，应该先理解背后的原因，而不是简单地归咎于其中的一方。在家庭关系中，我们应该学会倾听彼此的心声，用对方的视角去看问题。只有如此，我们才能找到解决问题的正确途径，确保彼此的关系健康、和谐。

亨利·史丹提出了一个关键的概念：从个体到群体。个体指的是我们每个人，而群体则指涉一个整体。无论是家庭、公司、社会，还是我们身处的某个社交场域，都构成了一个群体。个体的一切感受、思想、情感和行为都会对群体产生影响。只有在将自己培养到足够健康、有能力的状态之后，我们才能更好地帮助他人、理解他人。

阿德勒认为，先有健康的自我，才有健康的关系。所以，如果你希望拥有健康的亲子关系、婚姻关系、父母关系、婆媳关系、兄弟姐妹关系，甚至是社会关系，那么你必须先关注一个前提条件：拥有一个健康的自我。

现在邀请你进行一个练习[①]：

请伸出你的双手，让左右手指尖相对，紧密地贴在一起，然后弯曲左右手的中指，让它们的第二关节紧贴在一起，同时保持其他手指的指尖仍然紧贴在一起。

好了，现在请你按照我的指示，依次分开你的大拇指，其他手指仍然保持紧密贴合。大拇指代表我们的父母，在正常情况下，他们会比我们先离开这个世界。这是生命中不可避免的分离，你同意吗？

---

① 岩井俊宪．激发勇气的心理学 [M]. 杨勇，译．增补·修订版．桂林：广西师范大学出版社，2014.

接下来，请分开你的食指，其他手指仍然保持贴合，特别是要确保弯曲的中指依然紧贴在一起。食指代表我们的朋友关系，相聚便有分离，世间没有永远的聚会，即便是最好的朋友，相聚的时光也会有结束的一天，你同意吗?

再请你打开小指，并确保弯曲的中指仍然紧贴在一起。小指代表我们的孩子，他们终究会长大，终究会离开我们去构建自己的家庭，经营自己的生活，你同意吗?

然后，请分开你的无名指，确保弯曲的中指依然紧密贴合。你可能会发现很难分开无名指，而且它代表夫妻关系，结婚时戴在无名指上的戒指也象征着这种关系。

最后，让我们将注意力集中在弯曲的中指上，这代表我们自己。你可能会发现，只有当我们与自己紧密联系在一起时，父母关系、朋友关系、亲子关系、夫妻关系才能成为正常的关系。

通过这个练习，我们可以更深入地理解阿德勒所说的“先有健康的自我，才有健康的关系”这句话，希望你也能有更深刻的感悟。

五、为爱而改变行为成就美满婚姻

我的妻子不擅长做菜，我曾问她小时候是否学过烹饪。她告诉我，小时候经常看到奶奶在厨房里辛苦忙碌，精心准备好的饭菜却被爷爷挑剔个不停，说这个太咸、那个没炒熟等。奶奶总是默默地忍受着，然后一个人悄悄地回到厨房流泪。

因此，我的妻子从小就形成了这样一种自我认知：女性在厨房里没有地位。她甚至下定决心：永远不要进厨房。阿德勒说，人生态度对一个人的性格起着决定性作用，只有意识到性格上的错误，人才会试图去改变。后来，我们有了孩子，母爱的伟大让她不得不放下小时候树立的决心，因为她想要成为更好的母亲，给孩子提供更好的生活品质。

我的妻子不愿意进厨房做饭，是因为她小时候建立起了“女人在厨房里没有地位”的错误经验。如果她想重新踏入厨房，就需要重新赋予这个行为一个全新、积极的意义。

就像一台电脑，如果我们不喜欢它，可以换成更先进的型号。如果我们不喜欢自己，却无法将自己替换成别人，即使在生命终结时，我们依然只能是自己。阿德勒说，关键不在于一个人拥有什么，而在于我们如何运用我们所拥有的。

当然，并不是说我不喜欢自己就要去忍耐，我们需要对忍耐有正确的理解。如果忍耐是为了达到某个目的，那么这种忍耐就是痛苦的忍耐，是一种没有希望的忍耐。应该认识到，忍耐本身应该是有意义的，每个人在面对各种不同的人和事时都需要有忍耐力。

在日常工作和生活中，我们需要觉察自己的忍耐是用力的还是用心的。用力的忍耐是痛苦的，而用心的忍耐是自在的。忍耐可以是一种选择，只有通过不同的角度给自己一个不同的定义，我们才能看到不同的自己。

我的太太也是一位阿德勒学派心理咨询师，她曾在朋友圈里分享：

小时候家里条件不是很好，奶奶比较节省，我爸爸如果有时间会给我们下面条吃。我现在还记得，爸爸用大碗盛着软硬适中的面条端上桌，热气腾腾的面条仿佛还在眼前，我爸嗦着面条的声音仿佛还在耳边，那面条太美味了。

所以每当我在厨房下面条，爸爸端着冒着热气的面条的画面就会浮现在脑海。这样一来，进厨房不再没有价值，我做出来的饭菜开始有了“味道”！虽然我做饭不香，但是我下的面条一流，而且可以做出各种花样。现在孩子和丈夫都夸我做的面条好吃。

我的太太重新书写了她的生命故事，她用爸爸煮面条这一充满爱的情节代替了爷爷责备奶奶做饭的故事，给进厨房做饭赋予了全新的含义，也因此感受到了烹饪的满足感。

就像一颗鸡蛋，从外部打破，它仍然是鸡蛋；但是从内部打开，那就是生命。我太太对自己的生命故事进行了解构和重构。现在，她认为烹饪是一种享受，这个过程与家人联系在一起，是一种奉献。她在烹饪中注入了爱，因此制作出了美味可口的饭菜。

阿德勒曾说，学会从不同角度审视自己和他人的故事，世界就会骤然改变。

第三节 生命风格与婚姻

爱情与婚姻里的偏差与错误，都取决于生命风格，主要由合作能力的高低决定。

——阿德勒

一、婚姻是一项互惠的任务

阿德勒心理学强调婚姻中“有给才有得”的观点。简言之，在婚姻关系中，个人首先需要考虑如何为对方和家庭作出贡献，才能使家庭成员、伴侣和自己过上舒适自在的生活。

有这么一个家庭，丈夫是一位大律师，妻子也有自己的工作，夫妻双方各有各忙。平常的家庭生活多是柴米油盐酱醋茶，也没什么大事。

好不容易到了周末相聚时光，妻子邀请做律师的丈夫一起整理房间，丈夫马上就开始分析洞察、归纳总结，说我们该怎么整理，先整理哪里再整理哪里，一套一套的。

在难得的周末相聚时光，妻子邀请丈夫一起整理房间。丈夫立刻展开分析和总结，制订详尽的整理计划，这是他作为律师的职业习惯所致，而不是什么不良行为。然而，家务事并不需要如此严谨的计划。在丈夫为完美主义所困扰之际，妻子已经完成了大部分家务，丈夫却未参与其中。夫妻之间因此发生争执，原本美好的周末也随之泡汤。

这个妻子需要的是什么呢？实际上，她渴望的是情感交流和关注，然而，丈夫的回应不尽如人意。他用律师的逻辑和说话方式与妻子交流，却忽略了丈夫的角色。他完全忘记了妻子真正需要的是一个丈夫，而不是一个律师。

这个例子表明，在生活任务的重压下，婚前彼此欣赏的特质也可能成为婚姻中的绊脚石。

阿德勒指出，爱情的本质应该是两个不同性别个体间的相互奉献，而不是让其中一方有机会去控制、统治、妨碍或对抗另一方。婚姻是一种互惠的任务，双方应该真心诚意地为彼此奉献。

二、婚姻中双方不同的生命风格

我和我的太太在炒菜方面有着不同的风格。我习惯先将所有的菜洗净，准备好需要用到的配料，整齐地摆放在灶台上，然后才开始炒菜。而太太则喜欢一边洗菜一边炒菜，同时准备配料。在我的眼中，她显得手忙脚乱，但对她而言，这样做能够节省时间。起初，我无法接受她的做菜风格，甚至因此发生了争吵。

从炒菜这样的小事情去看，似乎很难理解为什么会因此而争吵。但如果从人性的角度去思考，或许能找到答案。

我和太太对炒菜有着不同的理解，这是因为我们各自拥有不同的生命经验和故事。阿德勒认为，每个人都是独一无二的个体，而正是个体的生命经验塑造了他们之间的差异性。

在我成长的过程中，我看到父亲总是先准备好所有的材料再开始炒菜，这种经验深刻塑造了我对炒菜的理解：炒菜应该按部就班地进行。因此，当我要求太太按照我的方式来炒菜时，实际上我是以自己的视角和经验为中心，这仅代表我个人的理解和意义。然而，阿德勒指出，个人的理解往往并非绝对正确。我需要学会接纳太太的生命经验，并尝试理解她的做法。这样，我才能真正具备社会情怀，尊重并欣赏我们之间的不同。

三、原生家庭对婚姻关系的影响

我们在童年时期不仅塑造了生命风格，也塑造了对男性和女性的性别认知。这些概念会深深潜藏在我们的潜意识中，悄然影响我们选择伴侣和经营婚姻生活的方式。

婚姻，无疑是人生发展中的一个重要节点，也是一个充满挑战的危险困境。在生活的顺境中，我们的生命风格或许并不显眼，但一旦遭遇困境和挑战，它们就会显露无遗。这就像驾驶汽车，当道路畅通无阻时，驾驶技术的高低难以分辨；然而，一旦遇到拥堵、恶劣天气或复杂路况，驾驶者的真实水平就会暴露出来。

曾端真教授指出，婚姻关系的困境往往根源于我们童年时期对两性关系和婚姻的错误认知。那些在童年时期形成的对情感的理想目标，以及对爱、情感和性别角色的个人理解，都在无形中影响着我们。因此，我们需要以合作的态度来经营婚姻，而不是用童年时期的理想目标来期待或评判婚姻。

父亲在十八岁那年发生了一场意外，双腿被压断，尽管后来接上了，但双腿还是留下了残疾。母亲本是学校里的尖子生，然而，在那个时代，我外公认为女孩子读书太多不合适，要求母亲辍学在家照顾生病的外婆。后来，在我爷爷和外公的决定下，母亲嫁给了父亲。当时他们没有爱情，也没有权利去追求爱情，他们之间的感情基础为零。

我从小就经常看到父母吵架，父亲沉溺于酒精，经常喝得烂醉如泥，甚至没酒时也会找酒精兑水喝。母亲经常在深夜将我从睡梦中唤醒，递给我一颗糖，哭泣着说："妈妈要离开了，以后再也不回来了，我无法继续这样生活下去。"然后她就默默地离开了，留下我孤零零地在那里哭泣，迷失了方向，默默承受着本不该属于我的痛苦。

父母之间的争吵在我的记忆中比比皆是。因此，在我幼年时，我的潜意识形成了一种错误的婚姻观念：

男人是：懦弱的。

女人是：刻薄的。

婚姻是：男人说了算的。

所以我要：我说了算的婚姻。

深藏的记忆是自我的一部分装备，然而，正是错误的那部分经验在潜意识里持续影响着我的婚姻生活。阿德勒明确指出，我们对事物的观点并不能代表事实本身。当我带着"男人是懦弱的"这种自卑感进入婚姻时，我试图通过控制太太来寻求优越感。显然，这种错误的观念只会给婚姻带来阻碍，我们过去的婚姻生活因此经常陷入争吵之中。

幸运的是，后来我接触到了阿德勒心理学，开始探索我的婚姻与原生家庭之间的关系，我得到了疗愈，从而改变了我的婚姻观念：

男人是：有能力照顾女人的。

女人是：需要被关爱的。

婚姻是：需要彼此合作的。

所以我要：相互理解、相互支持的婚姻。

当我带着这些新的婚姻信念去经营我们的关系时，幸福的婚姻之门便为我们悄然打开。

阿德勒说，老地图找不到新航线。我们习惯于穿着小时候的鞋子走现在的人生路，但脚和鞋子不匹配，所以会走得很辛苦。那么我们该怎么办呢？我们需要给自己绘制一张新的地图。

曾端真教授提到，结婚前个体内在的准备也非常重要，个体需要做好承担丈夫或妻子角色的准备；同时，个体需要切断和改变与家人原有的依赖关系，特别是当这些关系阻碍了新的婚姻时，需要协调婚前的生活形态和新的婚姻生活形态。

有一位女性来访者，夫妻二人育有一儿一女，在很多人眼里这是非常幸福美满的一家。她的先生经营着一家公司，生意非常成功，而妻子则在家照顾孩子，他们之间的合作非常成功。有一天，妻子提出孩子已经上学，家里也没有太多事情，她想回归职场。然而，她的先生不同意，认为现在公司经营得非常不错，家里也不缺钱，她在家里照顾好家庭事务就足够了。可是妻子也不同意，为了这件事，双方吵得准备离婚。

通过询问他们的原生家庭和成长环境，我了解到妻子是一个独生女，通常独生女会比较受宠，是全家人的焦点。许多独生女习惯受到喜爱，有可能形成任性的生命风格。而她的先生有一个弟弟，他父亲经营一家公司，母亲在家里照顾他们兄弟俩，生活算是美满。他在原生家庭里可能形成了男主外女主内的观念，因此坚持不让妻子重返职场。表面上看，丈夫非常关心太太，而太太也不需要为生活而劳累，这样的生活状态也是很多家庭所向往的。但为什么夫妻俩会产生矛盾呢？

行为仅仅是表面现象，而其虚构目标才是行为的驱动力。或许太太内心的虚构目标是追求独立自主，而丈夫的虚构目标则是照顾好家人。因此，太太对自由的需求受到了威胁，而丈夫对价值感的需求也受到了挑战。由于双方都在追求各自的虚构目标，因此很难达成共识。

理解人格，核心是洞察行为背后真正的意义。婚姻并不会改变一个人的生命风格。一个独立自主的女性在婚后可能难以给予丈夫足够的家庭温暖，而一个事业心强的丈夫则可能让妻子感受到被忽视。婚前或许已经约定不生育孩子，但婚后可能会因为一方改变主意希望生育而产生分歧。

夫妻生活不是两个人的简单结合，而是两种生活态度的深度融合。如果夫妻双方各自持有关于婚姻关系的私人逻辑和优越目标，婚姻就会面临重重阻碍。只有当夫妻双方建立起彼此能够接受的合作关系，并且愿意跨越自我的界限，真正走进对方的世界，才能实现两个人关系的真正融洽。

曾端真教授指出，婚姻关系是构建家庭的核心元素。家庭并不是两个人的简单结合，而是超越个体的集合，是一个包含了“关系”成分的系统。

婚姻关系具有三层深刻含义：

1. 适度放松个体与原生家庭之间的联系，以便在新家庭中建立更加稳固的关系。

2. 个体应当拥有独立性和自我价值观，这有助于构建健康的婚姻关系。

3. 婚姻并不仅仅意味着与另一个人结合，还包括双方在婚姻之前积累的生活经验、成长历程、生活方式以及价值信念等方面的融合。

四、填补失去的发展经验使婚姻重回正轨

有一对夫妻前来咨询，他们育有一对双胞胎儿女，原本生活得十分幸福美满，但因为一点小事便闹到了分居的地步。妻子抱怨先生不够理解她，而先生则认为妻子不够爱他。

究竟发生了什么呢？这一结果其实是他们被误导的生命风格所导致的。在与他们的交流中，我了解到，这位妻子是在她父母已经有一个女儿的情况下出生的，但她的父母想要一个儿子，所以她刚出生就被送给了其他人领养，从小就没有感受到父母的爱。

根据亨利·史丹的观点，这确实反映了缺失的发展经验。对于本就缺乏爱的人来说，要全心全意地去爱另一个人无疑是一项巨大的挑战。而妻子的先生，在年仅五岁时便失去了父亲，母亲没有再嫁，独自抚养他长大。在他的成长过程中，没有父亲作为榜样来教他如何关心妻子、如何理解女性。因此，要求一个对女性知之甚少的男人给予妻子充分的理解，对他而言确实不易。他们在成长的过程中并未学会如何在婚姻中表达爱，如何理解对方。

无论是选择抱怨的人还是沉默的人，他们都在寻求摆脱痛苦，尽

管表现方式不同，但背后都隐藏着对远离自卑感的渴望。

阿德勒认为，孩子是极佳的观察者，尽管缺乏理解能力，却是无声的评判者。无论他们的评判是否正确，他们都会根据自身的信念来建立对自我和外部世界的认知。此外，阿德勒强调，我们对他人的态度完全取决于我们对他人的理解，因此，我们要去理解他们，这是社会关系的基础。

综上，那对夫妻在经营婚姻时，实际上都还在运用自己幼年时期塑造的生命风格。要想使他们的婚姻回归正轨，需要引导他们深入理解彼此的成长历程和生活经验，从而增进相互理解。理解人性，即要理解一个人的生命风格，以及他潜意识心灵的运作。

五、进行良好有效的婚姻沟通

在婚姻生活中，有效的沟通和相互支持至关重要。研究表明，人与人的沟通中，55%的信息来自面部表情，声调占38%，口语内容占7%，这突显了面部表情在沟通中的重要性。

曾端真教授指出，夫妻沟通的障碍主要有以下几个方面：

1. 自我中心式的沟通。
2. 冷战式的沟通。
3. 缺乏反应式的沟通。
4. 情绪化的沟通。
5. 矛盾式的沟通。

以下是一个案例：

丈夫：厨房的碗怎么还没洗？

妻子：我现在有点忙，等会儿再洗吧。

丈夫：等会儿？等到什么时候？

妻子：或者晚上再洗也行。

丈夫：晚上？你在开玩笑吗？

妻子：我确实有急事要处理。

丈夫：这些碗筷就这么乱放着，太脏乱了。

妻子：要不你帮我洗一下？

丈夫：我就知道你会这样，你要么洗要么不洗，晚上要吃就吃，不吃拉倒。

阿德勒指出，沟通是一门技术，而良好的沟通是爱的体现，爱是良好关系的结果。

在这个案例中，丈夫一直采用自我中心和情绪化的沟通方式。夫妻双方带着不同的虚构目标，导致了彼此之间的沟通不畅，产生了冲突。

实际上，夫妻间的沟通远非洗碗这类琐事所能涵盖，而是各自潜意识中的虚构目标在无形中影响着他们的交流方式。

若问丈夫不洗碗是否真有那么严重，他可能难以给出确切答案，因为他已被潜藏的虚构目标左右。丈夫对洗碗的过度情绪化，透露出他潜意识中可能存在的自卑情结，而他的冲动行为则是对此的补偿。

妻子以事务轻重缓急为行动准则，丈夫则更看重按步骤和程序行事。因此，妻子的行事方式可能无意中触及丈夫的敏感点。一旦妻子洞悉丈夫的虚构目标，她就可能选择避免争执，寻找合适的时机进行平和沟通。同时，丈夫也会开始自我反思，逐渐意识到潜意识的影响，并尝试有意识地调控情绪。

阿德勒强调，个体所能觉知的部分远超其理解范畴。觉知涵盖潜意识层面，而理解则局限于意识层面。我们常对某些事情有所感知，却难以理解为何难以实践，这正是潜意识部分尚未被理解的体现。

理解人性即深入探索个体潜意识心灵的运作，这需要对一个人的成长历程有详尽的了解。人性根植于潜意识，是我们思想、情绪情感和行为的根源。

意识和潜意识相互角逐，当意识力量超越潜意识时，我们能驾驭自己的思想和情绪，成为其主人；而潜意识力量过强时，我们则易受其操控。

要成为自己意识和情绪的主人，持续的自我觉察与反省至关重要，以此唤醒潜意识，进而更好地掌控思想和情绪。

六、婚姻关系中的迷思

阿德勒指出，万事皆取决于观点。夫妻在婚姻中各自秉持着自己的生命风格，若某些错误信念过于僵化，则易引发婚姻冲突。

有些人认为，结婚能解决单身时的问题，比如一个人游手好闲，无所事事，他就可能会被告知："找个伴侣，有人管着你，你就会变得规矩一些。"尽管这种可能性存在，但并不是每个人都会因此而改变。是否及如何改变行为，取决于个体的主观诠释与经验理解。阿德勒提醒我们，关键在于谁在主导这一过程。

有人认为，爱情天然应该带来幸福，无须努力耕耘。在结婚时，夫妻双方会发誓："无论贫富、生老病死，我们永远在一起。"这种美好的愿景确实令人向往。然而，现实婚姻生活中的挫折和挑战远比我们想象中的要多。

有人认为，结婚后应该满足于家庭所提供的幸福，不应该在婚姻之外寻找快乐。阿德勒告诉我们，人生是关系的交织，婚姻只是我们人生的任务之一。阿德勒提到，人生有三大任务：工作、友谊和亲密关系。这些任务也是人际关系的任务。

有人认为，夫妻应该融为一体，不可分割。嫁鸡随鸡，嫁狗随狗，这种说法其实容易误导人。阿德勒认为，在古代男性特权观念下，男性认为自己天生就拥有这种权力，因此很多人怀疑伴侣双方不存在或不可能存在完全的平等，这种想法只能偶尔在想象中实现。实际上，只要一方不认为自己在婚姻关系中地位平等，就会产生反抗。因此，夫妻双方需要既有共同的空间，又保留各自独立的空间。

有人认为，夫妻双方必须在任何时候都对彼此完全坦诚。阿德勒说，任何事都可以有不同的样貌。将所有事情都告诉配偶，并不总是明智之举。例如，一个男士将他的朋友在外面有情人的事情告诉了自己的妻子，结果导致妻子对此事非常敏感。从那时起，她开始密切关注丈夫的行踪，严格监控他的手机。随着时间的推移，这位男士也感到难以忍受，开始抗拒妻子对他的不信任，他们的婚姻也因此出现了危机。

有人认为，夫妻关系是永恒不变的，而这并不符合事实。婚姻生活不仅关乎两个人的相处，更承载着人类文明发展和繁衍后代的重任，随着新生命的降临，夫妻关系和角色也会发生相应的变化。从新婚期的甜蜜，到抚育婴幼儿、儿童、青少年和成年子女的家庭阶段，再到子女离家和老年相伴，每个阶段的夫妻关系都承载着不同的责任与角色。

另有人认为，夫妻双方应保持一致的态度和行为。然而，每个人在幼年时便形成了独特的生命风格原型，拥有不同的虚构目标、生命故事和私人逻辑，这些对个体的爱、安全感和信任感有着深远影响。

婚姻是合作关系，唯有理解和接纳对方独特的生命风格，才能使伴侣和自己的人生更加自在和充实。

有些人还认为，幸福的婚姻不应有争吵。我曾见过一则课程广告，宣称揭示了20年婚姻不吵架的秘密。但常识告诉我们，20年的婚姻中不可能完全没有争吵，这不过是商家利用人们的心理进行的营销手段。夫妻双方在经营婚姻时，都带着从幼年时期形成的对婚姻的印象和经验，以及各自的观点，因此争吵在所难免。关键在于如何处理这些争吵，而不是避免它们。有时，适度的争吵甚至可以成为婚姻生活中的调味品，让双方更深刻地感受到彼此的关心。如果为了避免争吵而一味退让和妥协，这种消极的态度反而会对婚姻产生不利影响。

阿德勒提供了如下三点建议，以指导女性如何选择正确的伴侣：

1. 从女性的角度看，男性必须有朋友，并且他自己也必须是一个好的朋友，这表明他擅长与他人合作。他不能频繁更换朋友，也不能试图控制或压制他人。

2. 他必须有一份工作，并且能够坚持下去，同时热爱他的工作，或至少为他的工作做好准备。这表明他是一个有用的人，懂得与他人合作。

3. 他必须能够主动关心伴侣，而不仅仅关注自己。这一点可能有些难以判断，因为追求对方时，每个人都可能隐藏部分特质。然而，我们应该善于从细微之处看出端倪。

以上三点建议同样适用于男性。

/ 第三讲 /

阿德勒心理学与亲职教育

父母需要尽早地帮助孩子建立一个健康的生命风格，孩子在成年后才能更好地去承接他的人生任务。

——阿德勒

阿德勒认为，社会情怀是教育的杠杆。他主张教育应该培养孩子的自信心和社会情怀，为他们承担人生任务做好准备。只有当孩子和教育者之间建立起情感上的联系，教育者才能给予孩子正确的引导，而这样的引导才会产生实际的效果。

孩子在经验中构建了各种信念原型，成人很难完全理解其中的细节。然而，父母或照顾者如果能以有利于孩子学习成长的方式处理事情，就能帮助孩子塑造出适应社会、愿意承担人生任务的生命风格。

第一节　父母的困惑

如果我们希望孩子听我们的话，就要先成为一个让他愿意听我们话的人。

——阿德勒

一、亲职教育中值得深思的几个问题

在研习课上，曾端真教授提出了几个问题让我们思考：

第一，为什么这个孩子沉迷于网络游戏？

第二，为什么这个孩子会如此叛逆？

第三，为什么这个孩子如此懒惰？

第四，为什么这么聪明的孩子会做这么傻的事？

上述的困惑，是众多父母都常有的。他们往往只看到了表面现象，却不清楚其背后的原因。

阿德勒强调，人是一个不可分割的整体，人的行为、思考、情绪情感都是一体的，我们不能单一地从行为的表象去思考和判断，行为是个体内在的主观诠释。

我们需要以孩子的眼睛去观察，以孩子的耳朵去聆听，以孩子的心灵去感受。我们需要深入思考以下问题：孩子究竟在想些什么？孩子的内心感受是怎样的？孩子正在追求哪些优越目标？又在逃避哪些自卑的情绪？我们需要深入了解孩子潜意识心灵的运作，探究孩子行为背后的真正含义。

阿德勒说，唯有理解人格的核心，才能了解行为背后的意义。任何事都有不同的可能，不要认为理所当然，要自己寻求答案。

下面，我们逐一分析曾端真教授提出的四个问题。

（一）为什么这个孩子沉迷于网络游戏

一个沉迷于网络游戏的孩子曾对他的父亲说："如果你不允许我玩游戏，我就离家出走。"如果我们仅凭这一行为就草率地作出评价，可能会得出这是一个叛逆、威胁父母的孩子的结论。然而，这样的评价不仅无法帮助我们采取积极的管教措施，反而可能使情况进一步恶化。

在教育过程中，我们必须努力消除孩子心中日益增长的自卑感。若我们不想培养出叛逆的孩子，就不应强迫他们顺从，而应寻求更为恰当的教育方式。

情绪情感是理性思考的基石。若情绪情感未能得到恰当的表达与理解，人的理性思考和行为将受到极大阻碍。因此，正确的教导离不开正确的回应，而正确的回应则依赖于深厚的情感连接。

运用阿德勒的理论来审视沉迷于网络游戏的孩子，我们不禁要问：他是否正承受着某种痛苦？他追求的是何种优越目标？他又在逃避哪种自卑感？如何帮助他走出困境，成为我们迫切需要探讨的问题。

这类孩子往往因在现实生活中难以找到价值感和满足感，而沉迷于虚拟世界。那么，他们在现实中所感受到的自卑感究竟源自何处？他们在网络游戏中又是如何获得优越感的？他们内心真正渴望的是什么？他们又是如何应对现实生活的种种挑战？

这些问题的答案，都隐藏在孩子内心的深处。每个孩子都是独一无二的个体，他们的生命经验、成长历程以及内在需求各不相同。因此，对于沉迷于网络游戏的孩子，我们需耐心探索他们的内心世界，以找到真正有效的支持和帮助方式。

（二）为什么这个孩子会如此叛逆

如何判断孩子是否已经进入了青春期呢？青春期是孩子通过语言、行为、思想和情感等多方面向父母和成人宣示自己已经长大、能够自主决策的阶段。

然而，提到青春期时，许多父母都会联想到孩子的叛逆，因此产生恐惧，进而可能过度加强对孩子的管教。然而，我们需要用心去教育孩子，而不是只是用力。

那么，如何用心去教育孩子呢？

我们需要认识到，并不是所有的孩子在青春期都会表现出叛逆行为。虽然大多数孩子都会经历这一阶段，但我们也要对叛逆行为进行分类，区分常态叛逆和非常态叛逆。

常态叛逆多见于青春期，这是一个摇摆不定的阶段，孩子既渴望在父母身边撒娇，又希望获得独立自主的权利。在这个阶段，他们可能会有些小的脾气和固执。对于这种情况，父母不必过于紧张，可以适度退让，让孩子感受到父母的理解和支持。

非常态叛逆则表现为孩子以非建设性的方式回应大人，如反抗、抗议、抗争、拒学、离家出走等，甚至可能有过激行为，以此来维护自己的权利。这种叛逆行为并非瞬间产生，而是由过去的情感需求未得到满足或情绪未得到及时缓解所积累而成。

阿德勒指出，如果孩子的情感需求得不到满足，他们可能会感到孤独和痛苦。因此，对于表现出非常态叛逆的孩子，我们首先需要理解和接纳他们的痛苦，才能帮助他们走出困境。

同时，我们在平时就要重视孩子的健康成长，若等到孩子出现偏差行为时再着急，就悔之晚矣。

（三）为什么这个孩子如此懒惰

对于一个懒惰的孩子来说，问他为什么如此懒惰，他也许回答不出来。他可能只是感觉到，如果他变得勤奋起来，就会失去舒适轻松的感觉，他的优越感也可能会受到威胁。这是他潜意识在起作用，但他的意识层面并不理解其中的原因。

懒惰并非天生的，可以说，孩子之所以不愿做某件事，是为了保护自己的优越目标。要帮助一个懒惰的孩子作出改变，需要回溯到他的成长经验和成长脉络，帮助他认识到，在过去的某个阶段，他可能形成了一种错误的经验。引导他对这个错误的经验产生新的认识，并赋予它新的理解，这样事情自然会有所改变。

阿德勒指出，我们必须让人们彻底认识到自己有能力面对困境，解决生活中的各种问题，只有这样，才能培养出自信心，而只有自信心能够战胜自卑感。

（四）为什么这么聪明的孩子会做这么傻的事

这一问题确实值得家长们深思。家庭的功能、氛围、教育方式、规则设定、沟通模式以及父母的价值观等因素，都直接关乎孩子能否健康、快乐地成长。当孩子与所有情感联系的对象切断联系，他可能会感到孤立无援。若情感需求始终得不到满足，他可能会采取攻击性行为，未得到抚慰的情绪将使他独自承受伤痛。

阿德勒强调，社会情怀是个体不可或缺的重要品质，它推动个体与他人建立积极、合作且深刻的关系。孩子拒绝学习、偷窃、撒谎等行为，正是缺乏社会情怀的体现，这些行为往往是气馁的孩子为保护自己的优越感而采取的策略。生命的动力源于追求优越感，但若我们不理解孩子，仅仅通过管教来应对，只会加剧他们的反抗情绪，无法促使他们改变行为。因此，我们需要耐心倾听他们的生命故事，了解他们独特的生命风格。在这个过程中，父母应更多地给予鼓励和肯定，这样孩子才能放下防备，勇敢前行。

二、亲职教育的方程式

曾端真教授指出，要理解情绪，需要将其置于生命故事的背景中。

许多父母在学习了很多亲子教育技巧和方法，却发现在面对调皮、不听话的孩子时无法有效运用。阿德勒强调，我们必须理解人性，掌握原理，否则技巧和方法就无法应用。

比如，一个母亲知道应该鼓励孩子，内心却无法变得柔软，她只看到孩子的负面行为，极少说出鼓励的话语。久而久之，孩子就会对强硬的教导产生反感，他们会关闭自己的内心，这样一来，即使父母掌握了许多好的技巧和方法，也无法施展。

教养孩子就像放风筝，手要既不松也不紧。如果手太松，风筝就无法飞起来；手太紧，绳子便容易断。

孩子的情感需求来源于他人。每个人天生就有情感需求和独立自主的愿望，这两者并不矛盾。但如果父母忽视了孩子的情感需求，或者强行要求孩子顺从，却没有给予足够的情感满足，孩子可能会形成虚伪的顺从或非常态的叛逆等错误生命风格。

阿德勒指出，特质本身并没有好坏之分，关键在于个体如何运用。面对有偏差行为的孩子，父母需要理性思考，满足其情感需求，保持耐心，用温暖的语言正确引导孩子，提供优质的陪伴和正确的训练。在教育过程中，什么话应该说，什么话不应该说，该做什么，不该做什么，父母都需要进行判断。

阿德勒认为，语言的改变会带来世界的改变。父母情绪的管理是孩子成长中最重要的环节。如果父母不能有效管理自己的情绪，很容易说出伤害孩子的话，甚至采取过激的行动，那么孩子会在成长过程中战战兢兢，从而形成负向的生命风格。

曾端真教授指出，亲职教育 = 爱 + 正确的方式 + 给孩子时间。

第二节　理解孩子的偏差行为

人的偏差行为是一种自我保护，是用错误的方式回避自卑感，维护自我的优越感。

——阿德勒

一、孩子的偏差行为是自我保护

阿德勒提出了攻击本能的假设，他认为孩子出生时的第一声啼哭实际上蕴含着一种敌意，这是因为孩子的器官尚未得到满足。为何剪去我的脐带？为何拍打我的臀部？为何摆弄我的身体？这些行为让孩子深感不适，但由于无法用言语表达，他们只能通过哭声来表达我的抗议。

阿德勒特别强调，攻击本能并非孤立存在，而是与克服困难的总体概念紧密相连。一个人在从自卑感向优越感转变的过程中，如果社会情怀的培养未能得到妥善处理，就可能导致偏差行为的出现。孩子的哭闹、打滚、咬人、打人以及咬牙切齿等行为，都是攻击驱力的外在表现。

阿德勒不仅提出了攻击驱力这一重要概念，还将其进一步发展为对优越感或完美的追求，并开始涉及情感需求的概念，这标志着社会情怀理论的萌芽。阿德勒认为，孩子天生渴望被抚摸、被爱、被称赞，他们渴望被拥抱，希望与所爱之人时刻相伴。情感需求的满足主要依赖于他人，因此孩子从一开始就展现出了对社会人际关系的强烈需求。如果孩子无法从外界获得情感需求的满足，他们可能会将攻击转向自己，表现出自我中心的倾向。这些偏差行为和症状，实际上是孩子排除自卑感、维护优越感的手段。

二、孩子的几种偏差行为

阿德勒详细列举了四种偏差行为，并对其进行了说明：

第一，获取注意。当一个家庭中出现了新生的弟弟或妹妹时，大人的关注往往会自然而然地转移到新生儿身上，对于孩子来说，这可能意味着他失去了在父母心中的重要位置。阿德勒指出，每个孩子都渴望成为父母心中的太阳。如果父母没有意识到这一点，孩子可能会通过哭闹等行为来吸引他们的关注。

第二，对抗。如果孩子的努力没有得到父母的认可，他的偏差行为可能会升级为对抗。孩子可能会拒绝执行父母的要求，故意与父母对立。

第三，报复。如果父母仍然没有意识到孩子的需求，孩子的偏差行为可能会进一步升级为报复。孩子可能会出现威胁、打击甚至驱逐弟弟或妹妹等行为。

第四，无能化。如果父母仍然没有认识到问题的严重性，孩子的偏差行为可能会进一步演变为感到无能为力。他们可能会放弃努力，自我封闭或沉溺于游戏中，认为无论自己如何努力都不会得到父母的认可。

三、如何处理孩子的偏差行为

阿德勒指出，尽管这四种行为看似不同，但都是追求同一个目标：取得胜利。无论是获取注意、对抗、报复还是感到无能，孩子都在追求胜利。要有效地教导孩子，就必须理解他们的人格。只有了解孩子的独特性，才能给予他们恰当的指导，并及时纠正他们的偏差行为，帮助他们理清情绪。

家长可以与孩子进行以下对话：

“你感觉到自己生气了，对吗？”

“你知道你为什么生气吗？”

“你感到不开心，生气是正常的感觉。你愿意和爸爸妈妈分享你的感受吗？”

“爸爸妈妈能为你做些什么来帮助你吗？”

通过保持情感连接，孩子会感受到爱和温暖。

当父母面对固执的孩子时，他们可能会主观地断定孩子不听话。然而，这仅仅是父母的看法，未必能准确反映孩子的真实想法。在这种情况下，父母需要转变思维方式，尝试采用多样化的沟通方式来解决问题。

曾端真教授指出，偏差行为是孩子和父母情感连接失败后的一种重要自我保护方式。害怕失去自我价值感的孩子可能会通过气馁来阻止自己前进。

阿德勒认为，个体只有在拥有足够的社会情怀时，才能正确解决自身问题，因为所有的错误都源于缺乏社会情怀。

第三节　宠溺与威权

宠溺孩子是儿童教育中最严重的错误之一。

——阿德勒

一、宠溺孩子是万恶的渊源

生来就有器官缺陷、被过度溺爱或疏忽的孩子，容易形成溺爱型的生命风格。这种生命风格的孩子往往缺乏应对人生挑战的准备，缺乏合作精神、社会责任感、勇气和行动力，因此容易出现各种问题。

阿德勒心理学在教育学中占据重要地位。教育学需要融合心理学和社会学的研究成果，而阿德勒对教育的关注正是他从事心理学研究的一个重要动力。对个体人格的关注正是教育学的核心所在。

阿德勒于 1904 年发表了名为《医生是教育者》的文章，主张医生应帮助青少年发展健康的心理素质和心理素养。

阿德勒学派的心理健康教育分为预防性教育和治疗性教育两种。治疗性教育意味着当出现严重的行为偏差时，即使是心理咨询师也需要付出大量努力进行治疗。因此，预防性教育对于儿童成长的重要性不言而喻，这也是阿德勒如此重视儿童教育和亲职教育的重要原因之一。

不久前，一个父亲向我诉说，他的六年级儿子最近沉迷于网络游戏，经常不完成作业。老师频频打电话通知他去学校，情况变得越发令人担忧。他的孩子即将面临初中升学考试，父亲非常担心孩子无法考上，但又无法找到应对之策，感到非常焦虑。

要预防孩子沉迷于网络游戏，必须让他们意识到，在网络游戏之外也能找到自我价值和成就感。他们沉迷于网络游戏的原因在于，现实生活中的其他方面无法给予他们足够的认可。他们可能在以下三个方面感到不满足：

第一，他们的内心可能感到空虚。

第二，父母没有从小培养他们克服困难的习惯，因此一旦面临生活中的挑战，他们就会逃避到网络游戏中。

第三，他们的生活能力和学习能力可能需要父母投入更多时间去培养。

这三点都与孩子的情感需求有关。想让他们摆脱网络游戏的诱惑，就要帮助他们在现实生活中找到成就感。

也许很多父母会说：我没有忽视他们，没有不满足他们，他们想要什么，我都给了。然而，物质上的满足和心理上的满足是不同的，父母虽然在物质上满足了孩子，在心理上的培养却有所欠缺。

有一个成语叫作“悬梁刺股”，其中“悬梁”讲述的是东汉时期一个名叫孙敬的年轻人的故事。他为了学习而废寝忘食，深夜容易打瞌睡，为了保持清醒，他把一根绳子一端系在头发上，另一端系在房梁上。只要打瞌睡，头一低，绳子就会扯到头皮，痛楚让他重新清醒。最终，他成为一位备受尊敬的政治家和思想家。

这样的做法是否辛苦？答案无疑是肯定的！那他为何能忍受如此艰辛呢？原因在于他怀揣着对改变家庭境况和自身命运的渴望。只要孩子内心足够坚强，即使面对身体上的磨难，他们也能勇敢地承受。

然而，如今社会环境已发生巨大变化，父母往往不愿让孩子在物质上吃苦。但我们必须明白，孩子并不会因为吃苦而误入歧途。只要他们内心足够强大，便不会因物质的匮乏而迷失方向。

二、权威与威权

有些家长容易将权威与威权混淆，但实际上，权威和威权之间只有一线之差，一旦使用不当，结果将大相径庭。

曾经有一位企业家学员向我咨询："刘老师，我每周都会抽时间召开家庭会议，目的是促进家庭和谐和成员之间的团结。但是每次会议都不尽如人意，总是没有达到我期待的效果。这究竟出了什么问题呢？"我问他："你是怎么召开这些家庭会议的？"他回答："我主持会议，首先自己发表看法，讨论需要调整的事项和孩子们的错误，并给予指导。我讲完后，问他们有什么意见，但每次都没有反应，我就会感到很生气。"我接着问："当你生气时，你在想些什么？"他回答："为什么他们都不听我的？"我又问："你希望他们都听你的吗？"他说："当然，我是家里的主人。"我继续追问："当你提到家庭会议时，你有什么感觉？"他思索片刻后回答："有些严肃，感觉像是领导在发号施令。"我说："你的感觉很正确，你现在有什么想法？"他说："在公司我是老板，我说了算，但在家里好像不行。"我又问："听起来你有了新的认识，你想分享吗？"他说："我觉得'会议'这个词不太适合家庭成员间的交流。"我说："你有什么想法？"他说："我觉得需要换一个词或者另一种方式。"我说："你有什么想法吗？"他说："暂时没有。"我说："我能给你一些建议吗？"他说："当然。"我建议道："你可以考虑将'家庭会议'改为'家庭优质时光'，你觉得如何？"

他闭上眼睛感受了一下："这个主意很好，感觉大家更平等、更轻松，没有压力。"我说："那么你就相信你的直觉吧。"我们的对话到此结束。

一周后他给我打电话："刘老师，非常感谢你的建议，真的非常有效。我们今天度过了一段美好的家庭优质时光，达成了很多共识。"

从这个案例中可以看出，当他以会议的形式进行家庭团聚和沟通时，很容易陷入"威权"的状态。这是他潜意识在发挥作用，他的意识层面可能并不会觉察到。"你们都要听我的"，然后他滔滔不绝地讲道理，但家人显然无法接受，又不敢反抗，结果是会议以失败告终。家庭不是讲道理的场所，而是讲情的地方。当他将与家人的交流称为"家庭优质时光"时，他带着平等、温和的态度与家人互动，当然也会获得家人的尊重，这就是"权威"。

阿德勒认为，人做不到温和，是因为自卑感在作祟。这位学员之前为什么执着于"威权"？这是因为他的潜意识里有一种自卑感：如果做父亲的不保持严肃严厉，他们就不会听我的。因此，要求别人都听他的，是他追求的优越感。然而，"威权"难让人信服，"权威"则能得到他人的尊重。

阿德勒指出，一切行为都是对内在的主观诠释，除非改变行为内在的主观诠释，否则行为不会改变。这位父亲改变了他的内在主观诠释，给予了与家人团聚和沟通这一行为新的称呼和意义，他与家人的团聚和沟通行为自然发生了改变，朝着更加幸福快乐的方向发展。

三、父母的情绪管理

阿德勒认为，父母应对焦虑和失败时的情绪管理是孩子成长最重要的时机。以下将通过两个方面来讲讲在亲职教育中，父母如何进行情绪管理。

（一）一停二看三通过

“一停二看三通过”这一原则，在亲职教育中同样具有重要的应用价值。具体而言，我们可以这样应用这一原则：

首先，“一停”意味着在面对孩子的行为或问题时，家长要先冷静下来，不要急于做出反应。这有助于避免冲动和过激的行为，为后续的沟通和教育创造一个良好的氛围。管教孩子的目的，并不是让孩子立即顺从，而是培养他们的合作精神和自律能力。父母的焦虑若化为对孩子的责备和惩罚，只会剥夺孩子的独立空间，阻碍他们学习自我管理，导致孩子产生反抗和自卑心理，有效沟通就变得更加困难。

其次，“二看”是指家长需要仔细观察孩子的行为、情绪以及所处的环境。通过深入了解孩子的内心世界和周围环境，家长可以更准确地把握孩子的需求和问题，从而制定更有效的教育策略。阿德勒认为，孩子想跟你说的事，对他来说就是重要的事。父母应耐心倾听，即使内容看似杂乱，也要给予尊重和理解。这样，孩子不仅能感受到被重视，还能学会尊重他人。若父母只关注解决问题，可能只是在缓解自己的焦虑，而非真正关心孩子。

最后，“三通过”则是指家长在充分理解和尊重孩子的基础上，与孩子进行有效的沟通和互动。在倾听并理解孩子的感受后，父母应给予适当的支持。若之前误解或错误对待了孩子，应及时道歉，确保孩子的情绪得到妥善处理。这样，孩子才能健康成长，情绪得到合理调节。

总之，在亲职教育中应用“一停二看三通过”原则，有助于建立健康的亲子关系，促进孩子的全面发展。

（二）给孩子道歉的艺术

道歉也是一种智慧，一门艺术。

有些妈妈在向孩子道歉时，情绪还没有平复，一边抹泪一边表示歉意，这反而让孩子感到内疚，觉得自己没有保护好妈妈。这样的做法无法有效安抚孩子的情绪。

而有些爸爸，明知自己错了，却因为面子问题而不愿直接向孩子道歉，而是选择买礼物或发红包等间接方式来弥补。一个十岁的男孩告诉我，每次爸爸责骂或打他时，就像是在他心中插下一根钉子。虽然事后爸爸会用物质来哄他，试图拔除那根钉子，但伤口依旧存在。

这是孩子们的心声，因此，父母需要勇敢承认自己的错误，并诚心诚意地向孩子道歉，为他们树立良好的榜样。

阿德勒指出，如果我们希望孩子听我们的话，就要先成为一个让他愿意听我们话的人。

曾端真教授在《克服自卑的勇气：从阿德勒心理学谈教养》一书中写道：没有完美的父母，没有完美的孩子，没有完美的教养方法，也没有完美的教养言辞。唯有以勇气直面问题，以实际行动调整观念和方法。

第四节　父母的任务

父母需要尽早地帮助孩子建立一个健康的生命风格，孩子在成年后才能更好地去承接他的人生任务。

——阿德勒

许多父母都在尽最大努力完成生活中的任务，这种毅力是我们珍贵的生命力，因为我们渴望成为更好的父母。

一、家庭教育重在培养社会情怀

阿德勒认为，孩子与母亲和家庭之间的联系是紧密的。人类需要自发地参与社会活动，才能培养出与他人合作、适应社会文化的能力，而教育的目标之一就是促进个体的社会情怀发展。

社会情怀在孩子成长过程中需得到妥善培养，这一过程伴随着孩子走出家庭，进入学校，融入社会，步入更广阔的世界。随着孩子逐渐融入社会，他们将接触更多人和事物，其人际交往能力和社会适应能力均取决于所展现的社会情怀。

因此，阿德勒强调，家庭教育的关键在于父母是否成功传递社会情怀，这是父母的重要责任之一。

二、父母要帮孩子建立健康的生命风格

与直接教导孩子如何行事或成为何人相比，更重要的是，孩子会深刻铭记父母与他们的互动方式。父母无须学识渊博，但必须具备扮演好父母角色的能力。他们的使命在于协助孩子尽早建立健康的生命风格，以便成年后能更好地承担人生任务。

（一）父亲，模范的力量

我父亲只读过初中，他很少对我进行说教，更多的是通过默默的行动跟我交流，采用“父爱不言，润物无声”的方式。

小时候，我们家养了很多鸡，经常需要凌晨四点起床，拉着板车去几十公里外的饲料厂拉饲料。我在后面推着车，父亲则在前面用力地拉。下坡时，他顶住车头，我则紧随其后拉住车尾。上坡时，轮到他在前面用力拉，我在后面继续用力推。他喊“一”，我回应“二”，我们默契地配合，努力向前，以免车载太重无法前行或者翻车。

每次回程路过一家米粉店，父亲总会把车停在路边，给我买一碗米粉。他静静地蹲在路边，抽着烟，等我吃完才继续拉车回家。

我明白，父亲并非不想吃米粉，也不是不饿，而是舍不得多花钱。他默默地抽着烟，不说一句话，只是静静地等待我吃完。我知道，他心疼钱，但更心疼我。那时，我暗下决心，一定要有所成就，让父母过上好日子。

至今，我依然钟爱米粉。每次品尝它时，我感受到的不仅是那美妙的味道，更是一份深深的情感和无尽的怀念。

曾经我遇到过很多困难，但总能积极、勇敢地面对。这种勇气和力量，很大程度上得益于父亲当年的影响。我们曾默契配合，共同努力，这种合作精神是父亲留给我的一笔宝贵财富。

（二）母亲，搭起人际关系的桥梁

母亲是孩子早期建立人际关系的关键人物。她的任务之一是在这个亲密关系中培养孩子的信任感；另一个任务则是为孩子的成长奠定基础，使他们能够逐渐融入父亲和其他人的生活，培养他们适应社会生活的能力。

母亲需逐渐引导孩子熟悉家庭以外的世界，因为每个孩子的个性和成长节奏都独一无二。在日常生活中，母亲以身作则，教导孩子如何与他人互动，为他们逐渐拓展社会圈子和接触外界提供了支持和鼓励，培养他们未来步入社会生活的勇气。

我的儿子小时候总是黏着母亲，那时候，我还没有接触过阿德勒心理学，只是在儿子情绪好的时候才主动靠近他，平时不去打扰他。后来学习了阿德勒心理学才明白，他紧紧依靠妈妈是为了获得重要感、安全感和力量感，他觉得自己可以成为妈妈心中的太阳；而在我面前，他却无法轻易得到关爱，因为我比较严厉。

于是，我和太太共同合作，帮助孩子。一方面，太太放松了对儿子的过度保护，不再过分担心他吃苦，给我和儿子更多的接近机会。另一方面，我试着去理解、认可儿子，让自己变得温和一些。通过这样的努力，儿子逐渐开始愿意靠近我了。

为什么孩子会避开父亲而靠近母亲呢？这同样是为了避开自卑感，寻求优越感的满足。母亲的重要任务之一就是帮助孩子与父亲建立更亲密关系，从而引导他们逐步融入更广阔的社交圈子。但是，对于还没有准备好的孩子来说，离开母亲面对外界是一种挑战。如果他们没有做好准备，外界和家庭环境的差异会让他们难以应对，可能会出现尿床、爱哭、拒学等应激反应。

孩子的退缩或攻击行为都表明他们缺乏安全感和信任感，这时母亲的支持显得尤为重要。母亲需要给予孩子耐心的示范、正确的引导和及时的鼓励，帮助他们建立起走向社会的桥梁。

三、父母勿用自己的生命风格教育孩子

父母要协助孩子承担起人生的责任，就需要在早期帮助他们建立健康的生命风格。父母应该认识到，总有一天孩子会独立成长，他们无法替代孩子完成整个生命旅程。孩子需要父母的爱，也需要他们的引导。

在亲职教育中，一大挑战是父母总以自己的生命风格作为教育孩子的标准。他们常常对孩子说："我也曾经历过这样的阶段，我经历了很多困难，但我成功了，相信你也能。"然而，阿德勒指出，老的经验无法指引新的道路。父母和孩子的成长经历不同，他们的生命风格也不同，因此孩子常不认可父母旧有的模式。因此，父母必须不断学习，才能成为智慧家长。

有一个成功的企业家父亲，说话很严厉。他习惯于下达指令，期望别人服从。

希望孩子服从是人之常情，但关键在于如何引导他们心悦诚服。孩子因自尊被忽视而被迫服从，与因感受到与家人的合作而自愿服从，效果截然不同。忽视孩子的自尊会让他们陷入深深的自卑，而让他们觉得与家人合作能够获得成就感，则能激发他们的勇气和韧性。唯有保持勇气，人才能战胜自卑。若自尊被剥夺，面对问题的勇气也将荡

然无存。

因此，这位父亲需要学习如何运用自己的生命风格来教导孩子，应让孩子心悦诚服而不是卑下地顺从。

有一个孩子因为没有完成作业而被老师处罚，老师打电话给他爸爸。孩子的爸爸听到后感到非常生气，责备孩子："我供你吃、住、读书，你竟然这么不争气，总是给我惹麻烦。再不听话，就给我滚出去。"

父亲在愤怒之下说出了"滚出去"的话，这样的言语无疑深深伤害了孩子的心灵。那一刻，谁能理解孩子内心的痛苦？他感到多么孤独和无助，多么需要父母的理解和关爱。这样的指责只会进一步打击孩子的自尊心，加剧他的自卑感，使他与父母之间的距离越拉越远。

我曾经遇到过一个类似的情况。

当我去停车场开车时，刚一点火，车载仪表盘上弹出一个轮胎气压不足的警告。我第一反应是，可能又是轮胎扎了钉。一路上，我都在焦虑，生怕在路上轮胎没气了，于是急忙将车开到修车店。经过修车师傅检查后，发现轮胎并没有坏，只是需要补充一点气而已。

我举这个例子意在表明，在某种程度上，人和轮胎有着相似之处。轮胎气压过高时，需要适时放气以防爆炸；气压过低时，又需及时充气以确保正常行驶。同理，对待孩子也是如此。若长时间不给予他们鼓励和支持，他们可能会丧失勇气，甚至表现出不良行为。

因此，父母应当深入了解孩子背后的故事。阿德勒说过，任何事都可以有不同的样貌。我们不能仅凭自己的主观臆断来评判孩子的行为。有时，孩子犯错并非其本身有问题，而可能是他们感到沮丧，此时他们格外需要父母的关爱与支持。

四、父母要以任务为导向

这位父亲认为孩子惹他生气，觉得孩子让他失了面子，于是把自己的情绪转嫁到孩子身上，显然是以自我为中心的表现。如果父亲能转变思维方式，思考“孩子让我生气了，我应该如何做才能促使孩子的成长和学习”，这就是以任务为导向的积极态度。

要明确，写作业并非任务本身，真正的任务是协助孩子完成作业。我们不能让情绪主导，否则任务导向就会被情绪压制。即使拥有再好的策略和方法，如果无法控制情绪，一切也将徒劳无功。父母的情绪通常被潜意识压抑，他们可能自己都不自知。情绪若未得到释放，自卑情结就会催生消极观念，导致过度焦虑。当父母处于过度焦虑状态时，就会过度干涉孩子的生活，过多背负孩子的人生任务，过度采用严厉手段管教孩子，进而引发亲子关系问题。

更恰当的处理方式是：接到老师的通知后，不要立刻陷入“孩子为何不听话、为何总是给我添麻烦”的思维模式。而是先消化这个信息，理清思绪，将任务导向置于首位。随后与孩子交流时，应以接纳的态度倾听孩子的想法。

阿德勒指出，对孩子来说，他想要与你交流的事情就是至关重要的事情。倾听的初衷并非解决问题，而是让孩子感受到在父母心中他占据着重要位置。

因此，父母需要将“自我”淡化，将“任务”扩大。在这个过程中，他们需要鼓起勇气去解决问题，勇敢去面对孩子带来的种种挑战。

五、父母要与老师积极配合

阿德勒曾说过，老师是孩子迟来的父母。但在教育孩子的过程中，父母依然起着关键作用。

我回忆起小时候，老师经常进行家访，这不仅促进了家校之间的良好互动，也让老师有机会深入了解学生的家庭环境和互动方式。这种了解对于实施个性化的教学至关重要，凸显了家校合作的重要性。

在学校，老师会定期向家长书面反馈学生的在校表现。对于表现不佳的学生，老师在撰写评语前，会先与他们进行深入的谈话。老师会询问学生，如果将他们的错误告知父母，是否会遭到责骂。如果答案是肯定的，老师便会选择不向父母反馈这些具体错误，而是与学生合作，共同寻找解决问题的方法。老师的这种做法既保护了学生，又展现了尊重与信任，将激励学生自我改正错误。

尽管老师的作用非常重要，但父母的教育角色无可替代。他们应常与老师沟通，全方位地了解孩子的需求与困扰，并给予引导与鼓励。

六、运用鹰架理论来教育孩子

学生在学习新概念或技巧时，教师提供足够支持以提高其学习能力的教学方法，称为鹰架理论，即支架式教学。该理论强调师生互动，教师需扮演社会支持者的角色，因此在教育心理学中非常实用。随着孩子能力的提升，支持可逐渐减少，但并非一开始就放任其自学。鹰架理论实用性强，逐渐受到家庭欢迎。人们常将鹰架比作脚手架，因为孩子成长需要逐步支撑。

父母如何搭建此“脚手架”？首先，要深深信任孩子。在阿德勒学派中，脚手架代表社会关怀。家长需关注孩子成长，确保其正确发展。若偏离轨道，“脚手架”会有所感知，因为孩子与“脚手架”的合作基于情感的密切连接。

孩子在成长过程中需要父母温暖的言语、情感的满足和充足的耐心。这样他们才会感到安心，拥有自信和力量。“脚手架”应该表达对孩子的理解和关心，关注他们的感受。成长是一个向上的过程，也是克服困难的过程，而克服困难需要勇气。阿德勒认为，勇气是父母给予孩子最宝贵的财富。

阿德勒指出，只有气馁的孩子，没有坏孩子。孩子需要父母的爱，也需要他们的引导和训练。

有一次，我和太太带着8岁的女儿和6岁的儿子，一家四口出去吃饭。我询问大家想吃什么，我提议吃海鲜，太太说随便，女儿想吃酸菜鱼，儿子想吃铁板烧。家人各有不同的意见，我感到困扰，怒气上升，对孩子们说：“吃饭应该简单些，只要有吃的就好了，今天听我的，吃海鲜。”这导致整个餐桌气氛沉闷，我一怒之下点的都是海鲜，但最终大家都没能尽兴。

通过学习阿德勒心理学，我明白了在点餐和吃饭这件事上，孩子们并非故意捣乱，而是感到气馁。女儿和儿子可能认为自己没有发言权，不能做出选择，只能听从我的安排。如果当时我换个方式，以幽默的态度对待：“姐姐弟弟，今天我们各有所好，让我们用猜拳的方式‘统一’下意见，如何？”或者诚恳地询问：“今天爸爸很想吃海鲜，你们能支持一下吗？”这样，孩子们可能会更乐意合作，感到被尊重和认可。

阿德勒强调，父母需要尽早地帮助孩子建立一个健康的生命风格，孩子在成年后才能更好地去承担他的人生任务。

家庭聚餐时，照顾不同口味是一大挑战，这考验家庭成员的社会情怀。父母应该如何示范并接纳每个人的意见，听取每个人的声音，为孩子的成长搭建鹰架呢?

鹰架的核心在于耐心、情感满足、温暖言语、充足时间、健康情绪、优质陪伴和正确训练。只有这样，孩子才能朝着正确的方向健康成长。

如果父母对孩子的话不感兴趣，就难以胜任父母的角色，只会给自己带来麻烦。让孩子勇于表达自己的想法，父母耐心倾听孩子的心声，这对孩子来说是极大的鼓励。如果孩子的声音长期得不到父母的聆听和接纳，孩子就会逐渐失去发声的勇气，甚至不再愿意表达自己。孩子会觉得，父母只想听他们愿意听的，而不是真正关心他们的想法。这样，孩子就会感到气馁，失去勇气。一个失去勇气的孩子，在发展健康生活风格方面会有一定障碍。

七、父母要从自我中心走出来

儿子上小学的时候，我们曾经遇到过一件令人不愉快的事情。之前我们有一个约定，就是电子产品在不使用的时候不能放在卧室，只能放在客厅。

有一次，我看到儿子开着门在房间做作业，发现他的平板电脑放在床上。我边说边把电脑拿走了，提醒他我们的约定。然后我回到书房继续我的工作。突然，儿子气冲冲地跑过来，把我的电脑的插头、数据线全部拔掉，然后气冲冲地回房间了。我当时正在写文案，他的举动导致我的资料丢失，我非常生气，跑到房间把他骂了一顿。他生气地对我说："我根本没有玩电脑，你凭什么把我的电脑拿走？你凭什么不相信我？"说完就走了。后来的一个星期，儿子都不理我。无论我怎么跟他说话，他都不回应，仿佛我不存在一样。

冷静思考后，我意识到我确实怀疑了他，没有给予他足够的信任，这对儿子来说是一种伤害。我需要给他一个正式的道歉，帮助他消除这种不良感受，但如果他仍然不理我呢？于是我给他写了一封信：

我亲爱的孩子：

好久没和你面对面聊天了，非常怀念我们平时在一起说说笑笑、玩玩耍耍的那些快乐时光。最近发生了关于电脑的事情，我开始感觉我们之间好像有些距离了。我知道我不是一个完美的父亲，但请相信我，我真的想成为一个好父亲。因此，我需要为我冲动的行为承担责任，向你真诚地道歉。

同时，我也想借此机会和你说几句心里话。我知道你是一个非常聪明、受人喜欢、有计划、有原则、有主见、向往自由、让父母放心的孩子。作为你的父亲，我真的没有想过要去限制、控制你。我非常欣赏你，经常和妈妈说你有很多地方值得我学习。可能是因为我作为父亲经验不足，让你对我的一些行为产生了误解，或者是我没有能够表达我的真诚。我真的抱歉，希望你能理解，也希望我们未来能够彼此坦诚沟通，共同努力创造更美好的生活。我相信，望子成龙、望女成凤是每一个父母心中的期盼。

小时候，爷爷奶奶对我的管束也很严格，所以我非常能够理解被父母管束的感受。从小我就告诉自己，等我长大了有了自己的孩子，我一定要和他们和谐共处，彼此尊重。我必须承认，我确实担心过你，担心你沉迷于游戏、不爱学习、跟别人发生矛盾、学坏等等。也许是因为我自己小时候的成长环境太艰苦，所以从小我就告诉自己，等我长大了有了自己的孩子，我会尽我最大的努力去培养他们，希望他们能够出人头地，超越我。你是我的孩子，我担心你，我想是因为我爱你。

每当你和姐姐晚上放学回来的时候，如果我在家，我都会在阳台等你们。无论何时何地，这个家都一直牵挂着你们，是你们最坚强的后盾。

每当我在外面看到其他父子在一起有说有笑的时候，我真的很羡慕他们。同时，我也感到深深的自责和惭愧，因为我没有做好你的榜样。但我很高兴，在家里看到你和姐姐、妈妈的关系那么好，互相关心支持，我真的感到幸福。我真心地祝福你们越来越好，家庭和睦是我儿时的梦想。

还记得有一次你们有份作业是问家里的家风吗？我当时说的是“家和万事兴”和“积善之家必有余庆”。

好了，现在已经是半夜一点钟了，明天我还要早起，我们聊到这里吧。同时我建议你和姐姐妈妈每天都去湖边散步，呼吸新鲜空气，拥抱大自然，开阔视野，愉悦心情。我相信，那一定是你们最美好的时光之一。看到你们快乐，我就很满足了。

祝你学习愉快，心想事成。也感谢你耐心地读完了这封信，也感谢你让我有机会学习如何成为一个更好的父亲。我不仅希望成为你的父亲，更希望成为你很好的朋友。真心感谢你，谢谢你在我的生命中。

爱你的爸爸

把信交给他后，我相信他认真读完了。晚上他放学回家，我刚好去开门，儿子看到我立刻大声喊道：“爸爸，我回来了！”我们紧紧拥抱在一起，这个拥抱充满了深深的情感。其实，孩子很容易原谅父母，我感谢我的儿子。当我从自我中心走出来，真正关注到他人的心情时，我才真正“看见”了我的孩子。

八、父母要用理解取代评价

阿德勒心理学中有一个概念叫作“统觉基模”，这个概念是在个体的语言发展之前形成的。统觉基模指的是味觉、视觉、触觉、听觉、嗅觉等感知的综合，也就是说，在个体还不具备语言能力的时候，大脑就会利用这个统觉基模来收集外界的信息，并经过大脑的分析作出判断。

有一次，我外出用餐，尝到一份美味的烧鹅，我心想着，这么美味的食物，我的孩子肯定也会喜欢。于是，我吃完后打包了一份烧鹅，高兴地带回家。我满怀期待地认为，孩子一定会很开心，会喜欢。然而，孩子尝了一口后就不吃了，说：“这个太油腻了。”这让我感到非常挫败。

在现实生活中，许多父母试图用自己的统觉基模来理解孩子，许多成年人也试图用自己的统觉基模来理解他人。但我们忽略了一点：由于每个人都是独一无二的，所以每个人的统觉基模都是独特的。孩子的味觉和我的味觉并不相同。我喜欢的并不代表他也喜欢，这样的理解让我们不再感到挫败，也不再对孩子或他人评头论足。

曾端真教授说过：“我们要用理解取代评价。”在中国有句古训是“己所不欲，勿施于人”，意思是说，不要给予别人自己不愿意接受的东西。但是，对于我们喜欢的东西，是否应该毫无保留地分享给别人呢？未必如此。因为每个人的感知不同，我喜欢的不一定是别人喜欢的，我不喜欢的不一定别人也不喜欢。因此，我更倾向于使用“投其所好”这个词。

我们应该认识到，一个人的外在行为思维、情绪等是其内在心理需求的表达，而每个人的心理需求与他的生命风格密切相关。个体的生命风格则源自其成长脉络、成长历程和生命故事。

阿德勒认为，山谷和山顶上的松树，即使品种相同，生命风格也各异。这说明生长环境对个体生命风格影响显著。树的生命风格是其与环境互动中的自我表达。观察到树与背景的差异，我们才意识到每个个体都有独特的生长模式，并非对环境的机械反应。

让我们通过一个案例来说明：

一位高中生和他的爸爸妈妈一起来到我的咨询室。当他们坐在凳子上时，我注意到他紧挨他的爸爸坐着，与妈妈则隔着几条凳子。这一场景让我知晓了他与妈妈之间的疏远，这是他对妈妈抗拒的一种体现，而他与爸爸的关系则更为亲近。那么，他对家庭关系的感受又是什么呢？他从家庭系统中获得了什么样的认知？他为自己创造了怎样的心理定位呢？这些问题都需要从他的生命故事和成长历程中获取更详细的信息。

他向我讲述了一个童年故事：

在他读一年级时，放学回家时，他看到爸爸妈妈在激烈争吵，妈妈不断责骂爸爸，还用手攻击他，爸爸则被迫退到墙角，毫无还手之力。这一幕让他决定不再理会妈妈，认为妈妈凶狠且不讲理，而爸爸则是老实的。远离妈妈意味着安全，靠近爸爸也意味着安全。当时他并不了解事件的真相，完全是基于自己主观的感受和经验做出的决定，这是他的潜意识在运作。

人的行为受到生命风格的引导，而其根源在于潜意识的心理活动。心理经验塑造了人们知觉的选择性和真实性。对于上述案例中的高中生，若仅从外在行为判断，可能会片面地将其视为不听话或故意与母亲对抗的孩子。然而，若深入了解其内心想法，我们会理解他并非故意作恶，而是面临困境，需要大人的帮助。在教养孩子时，我们应更关注人的内心而非仅看其行为，用理解替代简单的评价。以理解孩子为起点，方能给予其正确的引导，妥善培养其社会情怀。

九、父母要培养孩子的有效行为

阿德勒认为，教育意味着教育者向孩子提供良好建议，以身作则，并检视孩子们如何运用所受的教育。然而，许多教育者认为，只要以正常方式教育孩子，孩子就会自然而然地表现端正。个体心理学与一般心理学的主要区别在于：心理学关注孩子拥有什么，而个体心理学关注孩子如何运用他们所拥有的东西。

曾端真教授指出，要培养孩子的有效行为，首先要满足他们的价值感。父母的行为对孩子的价值感影响深远，当一个人感到自己重要、有能力、受人欣赏时，他的自我价值感就会提升，情感需求也会得到满足。一个情感需求得到满足的孩子往往能够尊重自己和他人；而当孩子的情感需求得不到满足时，他们可能会做出伤害自己和他人的行为。

如果父母希望孩子表现良好，就应该尽早帮助他们培养价值感。父母与孩子的互动方式多种多样，孩子通过与父母的互动，感受父母的言行举止，来确认自己是否受到爱重。正如古语所说，“流水不腐，户枢不蠹”，当家庭的爱开始流动时，所有问题都会迎刃而解。以下是我太太和孩子之间爱意流动的例子。

妈妈写给儿子16岁生日的信——

给亲爱的儿子：

在你16岁生日这天，我想对你说：

作为你的妈妈，你不仅是我的孩子，更是我的老师。你带给我快乐，也带来了挑战，陪伴你成长的每一个困难对我来说都是一份宝贵的礼物。当我选择去理解你时，我开始与自己的生命连接，这使我成为今天的我。我不仅是你的妈妈，还是你成长路上的见证者和永远的学生。我们母子之间的相处，是彼此成就的双向奔赴。

人生是一个不断修正的历程。不要害怕犯错，勇敢去探索、了解、爱和贡献自己，成为那个独特而独立的你。我会努力做到平等谦虚、积极连接、友善陪伴，给你提供舒适自在的环境，陪伴你走过人生的每一步。

今天是你的生日，我们母子之间的温暖将永远存留在心间。我们会永远爱你，祝福你。

妈妈和女儿聊天到深夜后写给女儿的信——

妈妈给亲爱的女儿：

深夜，我们聊了很多，我想对你说：

曾经，我为未能达到母亲对我的期望而感到愧疚长达30年。但现在，我想告诉你：你不是我的期待，你是你自己的期待。我的梦想与你无关，你有能力实现属于自己的梦想。在你的梦想中，你可以拥有属于自己的主张。我正在追寻我自己的梦想，你可以选择你喜欢的部分来传承，但不必取悦我。

亲爱的女儿，我爱你。你是我的惊喜，是让我感受到成为母亲的幸福。你是如此珍贵，我会珍惜你。我一直相信，生命对我们来说都是奇迹。

我爱你，亲爱的女儿。曾经有人说我的母亲非常爱我，那时我不相信，因为那时我还没有你。但现在，我想告诉你：妈咪非常爱你，谢谢你让我懂得了我母亲也是真的爱我。

我永远爱你，亲爱的女儿。

家长在培养孩子的有效行为时，应该注意的是，要以孩子的眼睛去看世界，用孩子的耳朵去聆听世间万象，用孩子的心灵去感受生命的美好。帮助孩子认识自己生命的优点，倾听生命的意义，感受生命的力量。

鼓励应当贯穿在孩子的成长过程中，以激发孩子的自信，发现孩子的价值，领略生命的美妙。父母可以给孩子提供方向，但不能替代孩子走自己的路。孩子的选择与前路是由自己决定的，只要方向正确，每一步都是向前迈出的关键。坚信孩子的选择，也是对自己的信任。

曾端真教授说，深深地相信，喜悦地欣赏，这是对孩子最美好的赞赏。

十、父母要理解孩子的多种人生任务与角色

阿德勒提出了人生的三大任务：工作、友谊和亲密关系。这些任务也是人际关系的任务。

以工作为例，工作不仅指日常的职业工作，而是涉及我们在社会中扮演的各种角色和责任。只要我们为社会作出贡献，创造价值，那么不论扮演何种角色，都是我们的工作。对于孩子来说，学习就是他们的工作。

我经常在课程中引导学员进行以下练习：

准备一张白纸和一支笔。首先，在白纸上列出你在生活中扮演的各种角色，比如父母、子女、配偶、员工、领导、朋友等等。然后，在空白处画一个圆圈，代表你的整体生活。接着，给每个角色分配一个你认为适当的面积分数，总分为十分。标示出每个角色的面积分数，就像绘制地图一样。完成后，你就可以看到每个角色在你生活中所占的比例了。

有一次，一位女性学员做完这个练习后对我说："刘老师，现在我最想做的事情就是回去抱抱我的儿子。以前，我总觉得他只是我的儿子，我每天都在努力工作，希望他也能努力学习。但是做完这张图后，我发现他不仅仅是我的儿子，他还有很多其他的角色和任务要承担。我忽视了陪伴他的时间，他也非常不容易。"

这个练习的目的是让大家实践阿德勒的名言：用他人的眼睛去看，用他人的耳朵去听，用他人的心去感受。在亲职教育中，我们要感受他人的感受，体验他人的角色。

第五节　原生家庭与教养模式

影响人生最大的，既不是遗传，也不是环境，它们只不过提供框架而已，回应人生答案的是个体独特的创造力。

——阿德勒

一、原生家庭经验与家族关系

我们每个人都携带着在原生家庭中形成的生活经验来构建自己的家庭。这些经验会影响我们家庭系统的沟通方式，并塑造出家庭的规则。有些家庭的规则是开放式的，有些是封闭式的，还有一些是随机式的，这取决于父母的生命经验以及他们赋予这些经验的意义。

同样，我在教育我的孩子时也受到了幼年生命经验和童年生命风格的影响。

我小时候没有零花钱会感到丢脸，这是我的一种生命经验，因此，我潜意识中认为，小孩子没有零花钱就会感到丢脸。为此，现在我会主动给孩子零花钱，询问他们是否需要。事实上，我的孩子并没有因为我主动给他们零花钱就变得挥霍；相反地，他们从中感受到了信任和安全，因为他们不必担心没有零花钱可用。我的这种经验是安全的，不需要调整。

从这个例子中可知，潜意识层面的目标驱动着意识层面的行为，而答案往往藏在个体早年的生命故事中。

我还记得上小学三年级时的一幕：每次课间休息，操场上都会有一些小摊贩叫卖零食。有一次下课后，同学们都涌向小摊，而我却独自站在操场的一角，默默地观望，因为我身上没有零花钱。放学回家后，我向父亲要零花钱时，他没有说一句话，只是看着我，这让我感到非常委屈，不知道他在想什么。那时，我的内心有一个声音：将来我绝对不会让我的孩子像我一样没有零花钱，我不想让他们感受到那种委屈。

曾端真教授指出，孩子在幼年时就形成了独特的优越目标，并通过追求具体的实体目标来满足这些优越目标。比如，“没有零花钱会很委屈”反映了我的自卑感，“有零花钱会很开心”则体现了我的优越感。因此，我设定了“孩子需要有零花钱”的优越目标。这意味着，我潜意识中的主观诠释驱动着我外在的行为，即满足孩子零花钱的实体目标。

父母常以自己的生命风格教育孩子，这并没有绝对对错，关键在于孩子的生命风格是否出现偏差。

二、家庭系统与家族功能

家庭被视为一个系统，其中，原生家庭算是主系统，而离开原生家庭后建立的家庭则是次系统。在这个次系统中，亲子关系、婚姻关系以及个人都构成了不同的次系统。

不同的家庭规则会塑造出不同的家庭系统功能，孩子在家庭系统功能的背景下成长。如果父母在原生家庭中的自我价值较低，那么他们将以这种低自我价值来组建家庭，并可能采取不健康的沟通方式来维护自尊。

缺乏良好的沟通方式会导致形成的家庭规则和结构妨碍孩子的成长。这种不良的家庭系统功能无法良好运作，孩子可能会像父母一样形成低自我价值观。

在家庭系统中，家庭成员之间相互影响，彼此间存在因果关系。例如，父母对孩子的鼓励能激发其进取心，而持续的批评则可能使其陷入消沉。这种关系的起因难以明确，如同“鸡生蛋还是蛋生鸡”的难题。

阿德勒之所以强调家庭星座的重要性，也是出于这个原因。就像在宇宙中，地球绕着太阳转，月亮则绕着地球转。地球、月亮、太阳构成了一个整体的主系统，同时各自也是一个独立的次系统，彼此相互牵引、相互影响。

阿德勒认为，个体依据其出生顺序、性别、家庭成员构成、家庭氛围、价值观以及父母的教养方式等主观知觉，确定自己在家庭中的心理位置。因此，个体的家庭生活经验受其主观经验影响。

每个人都是独一无二的个体，因此每个人在同一个家庭中创造的主观经验也是不同的。个体的生命风格不仅受出生顺序、地位等因素影响，更取决于个体在特定位置上的家庭情境和主观知觉。在不同的成长阶段，也会产生不同的主观经验和诠释。

第六节　家庭生命的成长周期

听早年故事的目的，是要找到“解铃”的地方。

——阿德勒

曾端真教授提醒我们应该尊重家庭生命的成长周期，这让我回想起小时候父亲种植秧苗的场景：

起初，父亲将已经发芽的种子轻轻洒在整平的秧田上，然后小心地覆盖上地膜，此时种子需要被悉心呵护，避免受到风吹、日晒、雨淋的损害。随着时间的推移，当秧苗开始长出一点绿色的叶子时，父亲每天早晚都会去打开田间的地膜，让秧苗透透气，这样它们就能更好更快地成长。随后，当秧苗长高一些时，父亲会完全去除地膜，让秧苗充分吸收阳光和雨露，从而更加茁壮成长。再过一段时间秧苗长大后，父亲就会把秧苗移植到稻田里。接着，父亲会施肥、除草，秧苗会抽穗、结实、成熟，最终迎来丰收。

这个生命的成长周期告诉我们，尊重生命的成长并不是漠视其进程，而是在每个阶段都尽责尽力，演好自己的角色。孩子的成长过程与秧苗的成长原理相似，需要我们给予细心呵护和适时的关注。

家庭生命的成长周期大概包括婚姻初期、子女出生期、子女入学期、子女青少年期、子女离家期、父母衰老期等。具体如下：

一、婚姻初期

阿德勒强调，婚姻标志着爱情的高峰，是人生的新起点，而非终点。

结婚后，夫妻双方需要从各自的原生家庭分化出来，并做好扮演父母角色的准备。如果夫妻继续依赖原生家庭，没有为成为父母做好准备，不了解子女成长的重要性，却在没有做好准备的情况下生下孩子，就很可能轻易将不良情绪转移到孩子身上，为未来的亲子关系埋下隐患。

举例来说，有一位男士，他是家中的弟弟，在父母和三个姐姐的疼爱下长大。尽管家境贫寒，但他努力工作，创业成功后，他给父母盖了房子并照顾姐姐及其孩子的生活。然而，随着家庭开支增加，他开始感受到压力和焦虑。他不知如何独立于原生家庭，他的压力和焦虑影响了夫妻关系。

鲍文是知名的家庭系统治疗大师，他提出了家庭治疗领域的“三角关系”，其基本特征之一就是，一个不平衡的两人关系可能因为第三人的加入而达到平衡。例如，有矛盾的夫妻可能在孩子出生后将焦虑投在孩子身上。在一个家庭中，假设丈夫经历糟糕的一天后带着焦虑回家，妻子敏锐地察觉到了这种情绪。此时，若妻子开始感到焦虑，丈夫往往能较快恢复平静；若孩子走近母亲，孩子便成为焦虑的承受者，焦虑传递到孩子身上后，妻子开始感觉轻松些。也就是说，出现了两个平静的父母和一个沮丧的孩子的情况。若这种情况经常发生，孩子会因焦虑不堪而出现心理问题。因此，在婚姻初期，父母就要当好婚姻家庭中的新角色，控制好自己的情绪，避免将不良情绪转移到孩子身上。

二、子女出生期

子女的诞生不仅改变了家庭系统的构成，将原本的两人关系转变为三人关系（双胞胎则为四人关系），同时也对夫妻关系构成了挑战。

举例来说，有一对夫妻是大学同学，经过几年的恋爱后结为连理，他们生了一个儿子。丈夫在一家大型公司工作，收入丰厚，而妻子则专心照顾孩子，他们三口之家的生活幸福美满。然而有一天，丈夫下班回家，看到孩子在哭，而妻子正在厨房准备奶粉。丈夫心疼孩子，于是责备妻子："你怎么回事？一个人在家带孩子，什么事都不做，孩子饿了你都不知道？"妻子被丈夫的责备激怒，大声回应道："那你来带啊，明天开始你来带，我去上班，我正好不想带。"如果父母没有做好迎接孩子到来的准备，不能相互理解、合作和支持，夫妻关系就会受到影响。所有夫妻都需要重新学习如何相处，重新学习接纳彼此的生命经验。

这对夫妻因给孩子喂奶粉的问题产生争执，反映出他们有各自不同的育儿观念。丈夫觉得只要孩子不哭不闹就是把他照顾得好，而妻子则认为孩子适度的哭闹是正常的。由于他们秉持的育儿理念不同，冲突自然容易发生。

在向我咨询之前，这位妻子并未察觉自己潜意识中的伤痛。她透露，由于有三个年龄相差两岁的弟妹，身为老大的她从小便承担起照顾弟妹的责任。父母忙碌，加上比弟妹年长许多，她自然而然地成为家中的照顾者。尽管她为此付出颇多，母亲却鲜少认可她的努力，反而经常责备她。因此，每当丈夫批评她照顾孩子不当，都会触动她内心深处的伤痛，导致她情绪激动地回应。

在与我咨询后，她开始理解自己的过往经验，逐渐调整心态，为生命故事赋予新的意义。当丈夫了解到妻子过去的经验后，也开始反思自己的行为。只要双方能够尊重对方的育儿方式，夫妻关系便会更加融洽，孩子的成长环境也会更加健康。

孩子在父母间的合作中见证了合作的重要性，这对培养他们的合作精神至关重要。因此，为孩子的到来做好充分准备，创造一个和睦的养育环境，是每位父母的重要责任。

三、子女入学期

入学对孩子而言是一种充满挑战的危险困境，也是生命风格的一次重大考验。如果父母在孩子幼年成长过程中未能充分帮助他们做好入学准备，孩子就会对入学产生抵触情绪。

阿德勒指出，所谓问题儿童其实都是早期儿童教育和家庭教育不当的结果，学校只是一个反映潜在问题的镜子。

有一个7岁的孩子，学校老师说他上课总是分心，学习成绩也不理想，钢琴老师也说他缺乏专注力，无法跟上其他孩子的进度，父母为此感到焦虑，带他去了一个训练中心一个月，却依然没有改善。

后来他们通过我的学员介绍来找我咨询，在了解这个孩子过去的成长经历后，发现他在3岁之前因为父亲工作原因搬了四次家，4岁时由于妈妈需要照顾生病的外婆，孩子被送到爷爷奶奶家住了一年，5岁时才回到妈妈身边。

这个孩子在担心什么？他追求什么？从他的成长史可以看出，这个孩子一直处于不稳定的环境中，不知道何时会被送走，何时妈妈会离开他，何时又要搬家。他的担忧太多了，无法专心学习，因此他的注意力不集中就可以理解了。

解决孩子的担忧是关键，只有这样，孩子的注意力才能改善。父母需要成为孩子走向社会的桥梁，搭建起他们与社会接轨的通道。

四、子女青少年期

“青春犹如手中的一捧水，还未把握，便从指缝中流逝。”这句话深刻地表达了青春的短暂和珍贵，也暗含了挑战。

孩子青春期对父母和孩子都是一个挑战，因为孩子正在争取独立和自主，父母需要给予适当的自由，不要过度干涉孩子的隐私权和独立性。在帮助孩子成为独立个体的过程中，父母的引导至关重要，同时也要减少过多的保护。

我记得女儿填报中考志愿时，心中有几所目标学校，但她不确定如何选择，于是来找我商量。我告诉她：“你的学习成绩更适合哪所学校？你对哪所学校更有把握？没有人比你更清楚，不管你做出何种决定，爸爸都会尊重你的选择。”

女儿最终取得了出色的中考成绩，但由于志愿政策变化，她与第一志愿广州外国语学校只差一分，便去了省实附中，虽然得到了奖学金，但女儿仍感到失落。我鼓励她，成绩已经证明了她的努力和能力。

两个月后，女儿经常抱怨头痛，即使在学校也是如此，医院检查未发现问题。我意识到这是心理上的不适，她不喜欢这个学校，正在努力追求心中的理想目标。

每次女儿打电话说头痛，我都会立即接她回家，因为她最需要的是家人的陪伴和理解。经过两个月后，女儿告诉我：“爸爸，我不喜欢这所学校，我已经尽力适应，但它不适合我。”我很高兴她勇敢地表达内心的想法。我问她有什么打算，她说：“我想去国际学校，然后考大学出国。”

我感到有些遗憾，但我选择尊重女儿的决定，因为她的选择和发展是最重要的。

曾端真教授说：“爱，不一定有尊重；尊重，一定有爱。”

我对女儿说：“我很高兴你能够和我分享你的想法。你愿意向我敞开心扉并表达自己的想法，对我来说是极大的鼓励和信任。更让我欣慰的是，你能够为自己的人生思考并做出决定，为自己的未来而奋斗。在接下来的人生旅程中，你将需要自己做出许多决定，因为你是自己生活的主人。因此，我非常愿意陪伴你一起学习如何做出正确的选择。关于你提到的国际学校，我听说需要通过考试，你对此有信心吗？”女儿回答道：“爸爸放心，我对此非常有信心。”

后来，女儿成功地考入了她梦寐以求的国际学校，并且在学校里表现出色，名列前茅。我由衷地感谢女儿，因为她让我和她一同成长。

由此可见，青春期的孩子面临着情感需求和独立自我的两难抉择，他们需要父母充分的理解和支持。

五、子女离家期

温室里的花朵经不起风吹、日晒、雨淋，子女总有一天要离开父母的怀抱，这也是很自然的发展规律。父母需要接纳子女长大离家的事实，帮助孩子独立，阻碍孩子发展只会成为子女独立的绊脚石。

我父亲曾经有过很痛苦的生命经验，因此他是一个控制欲非常强的人，希望我一辈子都留在他的身边。我理解父亲的关心，他希望我能够在老家安心工作，过着平淡的生活，但我有自己的梦想，不想一辈子待在老家的小县城。

在我 23 岁那年，我想辞掉工作南下广州创业，父亲极力反对，甚至以死相逼，他对我说："如果你不要这个工作了我就死给你看。"面对父亲的反对，我只好停薪留职保住工作来安抚他的情绪。

来到广州后，我写了一封信给父亲，表达了自己的想法："就像您在老家养的那只猫一样，猫的本能是到处捉老鼠，您却拴住它，限制了它的发展，养这样一只猫有什么用？"

没想到，这封信竟然让父亲答应了我的计划。感谢我的父亲，他的放手让我可以施展抱负。

六、父母衰老期

阿德勒认为，生命本身并没有固定的意义，而是由我们赋予的。无论我们是否愿意，每个人都将面对衰老，照顾父母是我们生命中无法回避的任务。如果我们因为童年的苦楚和悲伤而无法向父母敞开心扉，如果我们因为父母的年迈而忧心忡忡，如果我们因为照料父母的困难而与家人发生冲突，那么我们将无法实现现实生活中的使命，也将丧失赋予生命意义的权利。

每个人终其一生都在不断地从由自卑到优越的过程中找寻归属感和价值感。当子女长大后不再需要父母的照料，当父母退休后不再工作，父母会感到一种空虚感，觉得自己不再有价值，这种感觉就是自卑感。父母需要通过发展自己的兴趣爱好、照顾家庭成员的生活等方式来追求优越感，同时，他们也需要得到子女的理解和支持。

在心理咨询师专业培训课上，有一份名为“父母的年谱”的作业报告。通过与父母面对面的深入采访，我们可以了解他们的成长轨迹和生命故事。这份作业的目的在于，让我们从父母的生命史中认识他们作为独立个体的存在价值，而非仅关注他们作为父母这一角色的成败得失。通过这种方式，我们能够摘下父母的面具，以更客观、更全面的视角去理解和认识父母，进而深化我们与他们的情感连接。

孩子天生有自卑感，总认为父母是无所不能的。然而，父母和我们一样，也只是普通人。我们需要将父母从高高在上的位置放下，将他们视为与我们平等的个体，这样我们就能够释怀小时候在父母面前未得到的满足。

父母会变老，而且每个人都会如此。换一种态度和方式与父母相处，也是培养自己面对老去的勇气。

/ 第四讲 /

阿德勒心理学与情绪认知

我们只是利用情绪，而不应被情绪推动，受它支配。我们不能期待别人随时体察我们的情绪，沉默换不来别人的帮助，如果我们需要帮助，就要用语言表达出来。

——阿德勒

《阿德勒个体心理学》的编者、阿德勒的学生安斯巴可在著作中引用了学者李波的一句话："教育的一部分任务是发展健康的情绪历程，以作为人类发展不可或缺的资产。"

从这个观点出发，我们认识到情绪对我们而言是有功能的。情绪是我们最宝贵的资源，因此，无论是积极的情绪还是消极的情绪，都有其价值，重点在于如何有效地运用这些情绪。

第一节 情绪是宝贵的资产

我们不应该受情感支配，而要善用情感，绝大多数情况下，情感的出现其实是为了操控对方，让对方按照我们的期待和愿望行动。

——阿德勒

一、从潜意识中理解情绪

尽管在某种程度上，管理和控制情绪是一种积极的行为，但这种控制往往只是暂时性的。情绪或许可以暂时被压制，但它依然深深植根于潜意识中。当个体再次面对引发情绪的事件时，这些情绪可能会再次迸发出来。因此，要彻底解决情绪问题，就需要对情绪进行深入的了解和有效的抚慰。

曾端真教授指出："如果自卑感没有得到疗愈，情绪未获得健康的平复，则将长期滞留并形成自卑情结，并产生症状。如果情绪得到正确的回应与抚慰，便能通过健康的历程来恢复平静。"阿德勒认为，发展健康的情绪历程必须有足够的社会情怀作为基础。

有一个十四岁的男生，本应该正在读初中三年级，然而，他还在读初中二年级，而且已经辍学半年。

有一次，这位男生的妈妈带着他来找我咨询。因为这是我和这对母子第一次见面，我需要了解一下他们的家庭情况和孩子的成长经验。于是，在咨询室里，我和这位妈妈沟通了一段时间，而男孩则在另一间房间等候。一小时后，我们结束了交流，妈妈需要回家填写阿德勒学派咨询问卷。我们约定下周再进行第二次咨询。

妈妈走出咨询室时，看到男孩正在玩平板电脑。妈妈对他说："我们回家吧。"男孩说他还没完成，妈妈便假装转身往外走。没想到，男孩看到妈妈准备离开，便冲上去推了她一把，导致她摔倒在走廊上，妈妈起来后心情十分沮丧。

后来，我邀请母子俩回到工作室，在给予他们情绪上的抚慰后，我邀请男孩单独与我进行谈话，他同意了。

在谈话中，男孩向我讲述了他的一个童年故事。原来，当男孩还很小的时候，他的爸爸妈妈就分开了。他们分开时协商由妈妈照顾男孩，爸爸负责支付抚养费。

这看起来是一件处理得很好的事情。然而，没有人知道男孩内心一直承受着痛苦，而且他无法表达。尽管孩子与妈妈在一起，但妈妈也有自己的工作。她经常把孩子留在外公外婆家，每周会去看他一次，每次看望的时间都很短，最多一个小时，有时甚至只有半个小时就匆匆离开。每次妈妈离开时，男孩看着她离去的背影，都会痛苦地哭泣，他很希望妈妈能留下来，但又无法做到。

这个男孩把妈妈推倒在地，实际上，这是他潜意识中的痛苦在作祟。对他来说，妈妈转身离去意味着他被抛弃，这是他潜意识中的声音。爸爸的离开和妈妈的转身离去在他潜意识里创造了一种生命风格的自我语言：

自我观：我是没人要的。

人我观：他人是不爱我的。

世界观：世界是冷酷的。

人生决定：我要抗拒这个世界。

他的拒学和把妈妈推倒在地都是他的抗拒行为，因为他的潜意识给自己创造了一个被抛弃的错误经验。他的情绪需要得到抚慰和理解，这样他才能从痛苦中解脱出来。

在心理咨询过程中，我帮助他理解为什么妈妈每次都会带着很多东西来看他，这些东西难道不是花心思购买的吗？妈妈为什么总是匆匆忙忙离开，难道她真的不想留下来吗？原来，他的妈妈为了给他提供更好的生活环境，同时兼顾多份工作，努力赚取更多的钱，这就是她如此忙碌的原因。

阿德勒曾说过，迷宫总有出口。当这个男孩看到了生活的不同样貌时，他做出了不同的选择，他的潜意识被唤醒，他重新定义了自己的生命风格：

自我观：我是被爱的。

人我观：他人是关心我的。

世界观：世界是温暖的。

人生决定：我要拥抱这个世界。

走出咨询室后，他深深地拥抱了他的妈妈，用健康的社会连接情绪取代了自我保护的社会疏离情绪。

情绪在生命风格的塑造中扮演着重要角色，驱使个体朝着优越目标前进。幼年时期形成的生命风格也会塑造出个体独特的情绪基模。因此，个体在形塑生命风格时，若倾向于健康的生命风格，其情绪基模也会相应健康。反之，若个体在生命风格形塑过程中积累了错误的经验，情绪基模也会受到影响。阿德勒认为，你的情绪在哪里跌倒，你就要回到哪里站起来。当我们面对情绪时，需要回到错误经验的起点，重新理解和抚慰这种情绪，才能走向健康的情绪历程。

二、教育孩子要用心而不是用力

在接下来的部分，我们将探讨情绪如何成为理性思考的基础。

脾气暴躁的人只是常常使用“愤怒”这种情绪的人，事实上，我们不必彻底改变我们的性格，只要改变使用情感的方式就好了。

——阿德勒

父母的接纳、喜欢和爱能够赋予孩子价值感，促进他们克服困难的能力，培养积极的连接和合作经验。曾端真教授强调：“教育孩子应该用心，而不是用力。”

有一次，我在小区散步时，看到一个爸爸带着一对兄弟也在散步。我估计哥哥大约八九岁，而弟弟大约六七岁，三人在一起散步，画面十分美好，充满了欢声笑语。

然而，这份美好很快就被打破了。弟弟拉着哥哥说：“哥哥，我们两个比赛跑步好不好？我们谁先跑到前面那棵树那里谁就算赢。”哥哥欣然同意，于是两兄弟“123”就开始向前冲。但是没跑几步，哥哥就遥遥领先，这时弟弟停了下来，开始哭闹，哥哥并未等待他，继续往前跑。弟弟因此非常生气。

这时，爸爸怒气冲冲地走过来，责备哥哥：“你怎么回事啊，总是喜欢弄哭弟弟，下次再这样，你信不信我会揍你？”哥哥站在原地一脸无辜，而弟弟则继续哭闹。

这种情景被称为“三输”，是用力而非用心地对待孩子。第一输，弟弟的情绪没有得到适时的抚慰；第二输，哥哥莫名其妙地加重了自卑感；第三输，父亲给自己留下了一个情绪上的心结。

这位父亲应该如何处理这种情况呢？他可以走向弟弟，轻声问道：“弟弟，你生气了吗？”然后，温柔地拍拍孩子的背：“你现在好点了吗？”接着，父亲可以把哥哥叫过来，拉住他们的手说：“来，我们一起跑，好不好？”在这种情况下，他们那美好的场景很可能会重新出现。

这种情景可以被称为“三赢”，是用心而非用力地对待孩子。第一赢，弟弟的情绪得到了及时的安慰，他不会继续感到不愉快；第二赢，哥哥没有因被指责而感到无辜；第三赢，父亲没有不愉快的情绪或心结。

造成“三输”的原因是：这位父亲只直接处理问题，而没有真正关心当前的人，这是一种自我中心的状态。而达成“三赢”的原因是：这位父亲关注问题的解决，追求他人、自己和事件之间的平衡，这才是解决问题的真正途径，也是其社会情怀的体现。

脱离情感的教育是无济于事的。情感和情绪是理性思考的基础。如果情感和情绪没有得到妥善的处理，就不可能产生理性的思考。

三、要接纳孩子的错误

父母对待孩子情绪的态度和处理方式是孩子学习情绪智慧的关键示范。当孩子情绪激动时，要避免过度夸大的反应。父母的过度情绪反应不仅无法给孩子展示适当的情绪表达方式，还可能导致孩子曲解自己的情绪，更加不安或情绪过于激烈。当孩子处于负面情绪中时，父母的接纳是帮助孩子接纳自己情绪的关键。只有这样，孩子才能学会适当的情绪表达方式。

很多父母倾向于将责任推给孩子，比如，他们会说“都是因为你在这里搞来搞去，导致事情现在变成这个样子了”。阿德勒指出，语言一变，世界会跟着变。那么，父母如何才能真正理解孩子的感受和想法呢？

我有一个女性朋友和孩子因某事件发生了争执，导致孩子已经几天不理她了，她来找我寻求建议。了解了整个事件后，我建议她：“回家后，你扮演孩子的角色，邀请你丈夫扮演你的角色，再次重现当天和孩子争吵的场景。接着，让你丈夫扮演孩子的角色，你继续扮演你自己的角色，再次重现当天和孩子争吵的场景。最后，互相分享你们的感受和体验。我相信你会找到答案的。”当晚，这位朋友高兴地告诉我，她和孩子已经和好如初、相拥而泣了。

通过场景再现和角色互换，我们可以用孩子的眼睛去看，用孩子的耳朵去听，用孩子的心去感受。因为孩子渴望被理解和关注，如果父母能够设身处地地理解孩子的感受，他们自然会知道如何处理和孩子的关系。

责备和打骂，表面上是一种攻击，实际上是内心痛苦的投射。攻击越强烈，表明受伤越深。攻击是最原始、最容易的自我保护方式。责备和打骂无法帮助孩子健康成长，只有鼓励才能培养孩子的价值感、责任感，并传达爱和接纳。

一位母亲对待青春期的孩子给予了如下鼓励，这值得我们学习：

妈妈看到在暑假的最后三天，你说每天只玩一个小时游戏，调好闹钟就做到了，这不容易做到，但你做到了，妈妈真的很佩服你。

妈妈看到在暑假的最后三天，你的同学邀请你玩游戏，你果断拒绝，说要写作业，妈妈看到你笃定的样子，真的好帅。

妈妈看到你今天下午好多次动手准备做作业，你在努力想把功课完成，妈妈当时忙自己的事，没有鼓励你，真是抱歉。

妈妈看到新学期的第一天，你回家后把英语单词听写了又改正错误，你的努力激励着妈妈，妈妈要好好配合你。

祝福你，我的孩子。

阿德勒说，真正的鼓励就是，即使你犯了错误，我也会接纳你。

第二节　发展健康的情绪历程

用健康的社会连接情绪取代自我保护的社会疏离情绪。

——阿德勒

一、触发情绪的两条路径

情绪的触发通常有上行、下行两条路径，同一情境下，不同的触发路径会带来截然不同的结果。

以愤怒为例，若愤怒触发了上行路线，即激发了自卑感，那么情绪将保持在可控范围内。自卑感是一种普遍的人类体验，能够激发理性的行动和思考，推动个体通过克服困难来实现优越感，从而平复情绪并解决问题。

然而，若愤怒触发了下行路线，即激发了自卑情结，情绪则变得难以控制。自卑情结是自卑感的一种极端形式，会激发冲动的行动和思考，导致个体在自我保护中寻求优越感。这样的情绪会不断累积，而问题依旧得不到解决。

我以前非常讨厌拍照，每当有人提出要拍照时，我总是情绪不稳。

还记得结婚之前，妻子邀请我去拍结婚照，我非常生气，对她大声喊道："我不去，你想拍你就去，我不去。"她感到非常委屈，最终我们没有拍结婚照。

事实上，拍结婚照是一件很平常的事，毕竟一生中只有一次，谁不想留下美好的回忆呢？为什么我会对拍照如此反感和生气，在当时我自己也说不清楚，只知道拍照让我感到不舒服，但我也无法理解为何会如此情绪激动，自己也为此感到困惑，这就是所谓的知其然而不知其所以然。

有一次，我去上课，教授要求我们每人带来一张童年照片。在疗愈过程中使用这样的素材，是因为图像是个体内心的投射。我带了一张小时候的全家福，当我看到这张照片时，一幕幕画面不由自主地在我脑海中浮现。

八岁那年，我的二伯父回老家看望奶奶，带了一个简易相机，当时照片还需要到照相馆冲洗才能看到。大人们提议拍一张全家福，而我胆小自卑，不敢面对镜头，当他们准备拍照时，我悄悄溜到隔壁房间躲了起来。当他们开始拍照时，没找到我，四处寻觅，后来父亲在房间找到我，要我去拍照。我说："我不想去，我害怕镜头。"父亲试图说服我，但我坚持不去。这时，可能其他人等得太久了，二伯父在外面大声喊道："你们到底要不要拍？不拍就算了，我得走了，还有其他事要忙。"这一声喊叫激怒了父亲，他狠狠地责骂了我一顿，我被迫出去和他们拍照，于是那张照片就成了：奶奶坐在中间，父母站在后面，姐姐站在父亲旁边，我站在母亲旁边，大家都笑得很开心，唯独我哭丧着脸，左手袖口还残留着一滴滴眼泪。

害怕照相是我自卑感的表现，可是在那个当下，我父亲并未给予我情感上的抚慰，反而严厉地责骂了我。这一幕深深烙印在我的潜意识中，因为我的自卑感没有得到及时抚慰，于是我创造了一个经验：照相是一种痛苦的经历。这就是我潜意识里的自卑情结，是一种不健康的情绪基模。因此，每当有人提出要照相时，这一情境自然触发了我内心深处的自卑情结，导致我产生强烈的抗拒和逃避反应。

后来，在课堂上，曾教授帮助我进行了心理疗愈，让我看到了事情的另一面。在那个时代，照相并不容易，父亲希望能够留下珍贵的回忆，这是他对家族传承的责任和担当，他十分珍视家庭的和睦，重视家族的概念。尽管父亲的初衷是好的，但他表达的方式不够恰当。他并没有接受过阿德勒心理学或家庭教育的训练，我需要去理解父亲的用心。

在我的情绪得到了抚慰和疗愈后，我不再害怕照相。如今，我可以自如地享受镜头，赋予了照相新的意义，那是美好时光的记录，是快乐的体现。

阿德勒提醒我们，不能让潜意识的冲动左右我们的行为，而要成为意识和情绪感受的主人。

在我们追求从自卑感到优越感的道路上，潜意识始终在左右我们。潜意识就像我们肩负的沉重负担，如果我们没有意识到需要减轻这个负担，就会继续背负它，使得人生之路变得艰难。直到负担难以承受，形成自卑情绪，坚信自己真的无法解决问题，从而丧失向前迈进的勇气。因此，我们需要培养符合社会情怀和积极连接的情绪表达能力。

二、将情绪置回生命故事中理解

阿德勒指出，儿童对情感的强烈需求将在社会人际关系中找到满足，这一需求从小就存在。情感需求的强度、儿童用来实现满足的心理准备以及无法获得满足时应对的方式，构成了儿童人格的核心。

情感需求的原始形态很容易理解。儿童渴望被爱、被抚摸、被赞美、被搂抱，他们希望能一直在爱的怀抱中，甚至渴望能和爱的人一起入睡。随着时间的推移，这些需求逐渐演变成对亲情、友情、社会联系、爱情和婚姻的渴望。

然而，情感需求的满足并非毫无代价，它需要付出才能得到回报，这是一种规则。因此，只追求情感需求的回报而忽视付出是错误的方向。当儿童与所有情感对象断绝联系，只剩下自我时，就会进入自我中心的状态，完全受自我保护机制驱使。

举例来说，有一位来访者十分在意被别人误解和冤枉，当他受到错误指责时会情绪激动，与他人产生言语和行为上的冲突。尽管他意识到这种反应不健康，但无法控制自己的情绪。在咨询中，他向我述说了一个小时候的经历：

那时他9岁，在暑假期间住在叔叔家学画画。有一天，爸爸前来看他，并在离开前给了他5块钱。他拿着这笔钱去了叔叔家隔壁的商店，买了几个橘子吃。因为担心耽误太久会让叔叔担心，所以他匆匆吞下了这些橘子。橘子的气味很大，而外面又没有地方可以洗手，于是他悄悄回到叔叔家准备去洗手，却被他的堂弟发现了。堂弟坚持认为橘子是他偷的，尽管他试图解释，堂弟却不听。后来，他告诉了叔叔，但叔叔没有作任何反应，既没有告诉堂弟不要冤枉他，也没有表示相信他。那时，他感到非常委屈和愤怒。

情绪的记忆深深刻在身体里。身体会表达情感，被压抑的情绪会在身体里长时间呐喊，渴望被倾听。我问他："现在讲完这个故事，感觉如何？"他回答："比之前好多了，但心口还是有点堵。"我继续问道："心口堵着，你想说些什么？"他说："我想喊出来。"我鼓励他尝试："那就喊出来试试。"他鼓起勇气大声喊道："你们冤枉我，你们冤枉我！"我再次问他："现在感觉如何？"他说："舒服多了，胸口通畅了。”

通过释放内心深藏的愤怒，将情绪置于生命之中，抚慰童年曾受伤的内在，他意识到小时候的愤怒是合理的，并不再为此而耿耿于怀。他表示愿意将这种舒适和通畅的感觉带入他未来的人际关系中，这次经历让他向前迈进了一大步。

童年时期的错误诠释可能影响后来的生活，阿德勒并不是否定童年创伤的存在，而是强调人不应被过去束缚，应向前迈进。

三、宠溺不利于孩子情绪的发展

阿德勒说，孩子喜欢用喜怒哀乐来支配大人，这是他们惯用且奏效的把戏。孩子的健康成长和生态环境的保护遵循着相似的原则。人们虽已普遍认识到环境对人类发展的重要性，但在日常生活中往往忽视保护环境，直到环境恶化了才开始重视，这样的后果很严重。同样地，父母都明白孩子健康成长的重要性，但在日常生活中却往往忽视，直到孩子出现了偏差行为才开始着急，这样的后果也是痛苦的。不同的是，前者是预防性教育，而后者是治疗性教育，因此付出的代价也会有所不同。

阿德勒指出，溺爱孩子是一种极其不良的做法。虽然父母对自己的孩子感情深厚，但需要审视他们所采用的爱的方式是否正确。有些父母认为孩子很脆弱，所以会代替孩子做一切事情，不管那是他们能做还是不能做的事。这种方式严重偏离了正确的轨道，剥夺了孩子自我发展的权利，阻碍了孩子发展克服困难的能力。

真正的爱应该是让孩子感受到他们的价值和能量，而不是对他们产生同情心，不断地保护他们，甚至觉得他们很可怜。真正的爱应该激发孩子的勇气，让他们意识到自己的能力。父母应该对孩子充满信心，相信他们，欣赏他们的努力，即使失败了，也相信他们有能力重新站起来。

阿德勒特别强调，宠溺并非总是父母的责任，被溺爱的生命风格往往是孩子自己塑造的。有时候，即使是那些被忽视或感到被忽视的孩子，也会创造出溺爱的生命风格。从孩子的主观角度来看，如果他们不愿接受这种溺爱，便会产生积极的思考，进而实现正向的发展；但如果他们乐于接受溺爱，觉得“我喜欢这种舒适的环境”，便会陷入消极的思考，导致负面的发展。因此，溺爱实际上是给孩子创造了一个舒适区，而积极思考与消极思考之间的最大差异在于社会情怀的深浅。

四、对孩子期望过高不利于其情绪的发展

阿德勒认为，个体只有在拥有足够的社会情怀时，才能正确解决自身问题，因为所有错误都源于缺乏社会情怀。

父母对孩子的高期望和孩子的高压力会让孩子感到很辛苦。虽然望子成龙、望女成凤是所有父母的期望，这种期望本身并没有错，但有时候，父母对孩子的期望太高、太完美，会给孩子带来巨大的压力。

我曾经接待过一位初中生来访者，平时大家看不出他有什么异常，他的生活过得很开心，与同学之间的关系也很好，学习也非常努力。父母为他报了很多各种各样的课外补习班，他也欣然接受，没有反对意见。但问题是，每到考试时，他就会生病，甚至是每次考试都生病。他的父母也感到非常困惑，而孩子自己也不明白。当问及为何考试时总会出现问题时，他也无法回答，因为他自己也搞不清楚为什么会这样。

阿德勒认为，这正是潜意识所起的影响。这个孩子面对父母的高标准和完美主义期望，感受到了巨大的压力。他利用自己的创造来追

求优越感：他想要维持在父母心中那个优秀的形象和状态。同时，他也在逃避自己的自卑感：他不是因为学习不好或者考试不好，而是因为生病了才无法表现出色，这样父母就不会责怪他。然而，这种生命风格是错误的。

阿德勒提醒我们，父母需要敏锐地观察孩子的生命风格是否偏离正轨。

五、给情绪搭建一座桥

阿德勒经常使用一个概念，即“桥”。在《解密自卑情结：阿德勒学派心理治疗历程解析》一书中，曾端真教授对阿德勒提出的“桥”的概念进行了详细解释：孩子们基于自卑感需要建立通往优越目标的桥。心理准备是连接过去和未来的桥梁。梦境是个体为自己所面临的困境建立的通往优越目标的桥梁。母亲是孩子走向社会生活的桥梁。

学习阿德勒心理学并不意味着我们不再有不良情绪，毕竟我们生活在一个充满情感的世界里。正如佛教所言，人生存在着八种苦：生、老、病、死、求不得、怨憎会、爱别离、五阴炽盛。苦难是人生的一部分。

学习阿德勒心理学后，当不良情绪涌现时，我们就知道如何用更正确、更具社会情怀的方式来处理情绪。健康的情绪体验是培养挫折容忍力的关键。通过情绪的安抚，我们提高了接受痛苦情绪的能力。具备足够的挫折容忍力，个体在面对自卑感的威胁时就不会过度激动，也不会采取冲动行为。挫折容忍力还使人更快地恢复心理平衡，不让负面情绪积累。

有一次我在小区散步，目睹了这样一幕：一个妈妈带着孩子骑两轮车，孩子显得非常勇敢，使劲地蹬着车往前冲。妈妈在后面追赶着，同时叮嘱着：“慢一点，小心摔倒。”可就在她话音刚落的瞬间，小男孩不幸碰到了一个石头，摔倒在地，开始大哭起来。妈妈赶过去站在他身边，没有说一句话，孩子继续哭泣着。我想，妈妈心里可能在想：“跌倒了就要站起来。”路过的行人纷纷回头看了一眼，或许在思考：这位妈妈为何会如此处理呢？随着更多人路过，孩子的哭声变得越来越大。妈妈终于开口了，大声对孩子说：“摔倒了怪谁？我叫你慢点你不听，别哭了，站起来。”但孩子仍坐在地上哭泣，没有停下的意思。这时，妈妈生气了，大声斥责孩子：“闭嘴，要不然明天就别出来玩了，以后都不要出来！”孩子立即闭上了嘴，妈妈的威胁奏效了。

尽管孩子不再哭泣，但他的情绪并没有平复，而是被生生地压抑了下去。他需要自我保护，需要维护自己“玩乐”的优越目标。这位妈妈为何会以此方式处理情绪呢？显然，她有着自己的生命经验和成长故事。虽然这位妈妈毋庸置疑地爱着孩子，但她受到了对孩子的爱的情感驱使，却未善用这份情感。

孩子的情绪未得到健康的释放，可能在潜意识中持续发酵。他将用这种不良经验来塑造自己的生命风格。若这种情况持续下去，他长大后也将缺乏接纳情绪的能力，就像他的母亲一样。她并非不愿接纳情绪，而是无法做到。面对孩子的哭泣，她束手无策，只能用威权来控制孩子的情绪。

走过健康的情绪历程需要搭建情绪释放的桥梁，而不是立即采取控制手段。父母需要逐步帮助孩子走过情绪的历程，才能给情绪划上健康的句号。

母亲肩负着引导孩子融入社会的任务，若未能完成，那么可能会在多年后由心理咨询师完成此任务，但这任务的难度极高。母亲在生理和心理层面的联系上具有独特优势，她代表着孩子能够拥有的最纯粹的爱和伙伴关系经验。

“健康的情绪历程”这一概念源自我的老师曾端真教授，这是她跟随亨利・史丹博士学习时，根据他的一句话“幼年，当你难过时有谁抚慰你？”而创立的五个步骤。

具体而言，走过健康的情绪历程，搭建情绪释放的桥梁需要经历以下五个步骤：

一是觉察情绪。情绪促使我们行动，掩饰内心的脆弱，维护自尊的动力。在日常生活和工作中，我们应当培养觉察情绪的能力，关注自身的心理状态，并思考：我为何生气？生气的原因是什么？

二是表达情绪。阿德勒强调，期望他人时刻理解我们的情绪是不现实的，沉默无法获得他人的支持，如果需要帮助，就要用语言表达自己的情感。

三是接纳情绪。情绪对我们有实际功能，它们是我们的盟友，我们不应该害怕情绪。阿德勒认为，我们不是因为某种情感而产生某种行动，而是该行动制造了这种情感作为借口。

四是了解情绪。在情绪涌现时，我们应该思考：此刻我在想些什么？我的愤怒在告诉我什么？我的情绪驱动着我做出了什么行动？阿德勒指出，任何事都有不同的可能，我们不应该想当然，而应该自行寻找答案。

五是调节情绪。阿德勒认为，每个人都可以有所选择。我们可以赋予情绪新的意义，从而调整我们的心态。

我愿意与读者分享这些步骤，但若想深入了解，建议详细阅读曾端真教授的著作《鼓励孩子迈向勇气之路：阿德勒学派案例解析与策略》和《解密自卑情结：阿德勒学派心理治疗历程解析》。

以下以妈妈和小男孩的互动为例，当小男孩摔倒在地上哭泣时，妈妈可以怎么做呢?

第一，妈妈可以走过去，问他："你生气了吗?现在还好吗?有哪里受伤了吗?"这种做法帮助孩子觉察自己的情绪。

第二，妈妈可以继续询问："你现在感觉怎么样?需要妈妈做些什么吗?妈妈有什么可以帮到你吗?"这样做有助于孩子表达自己的情绪。

第三，妈妈可以说："是的，妈妈也感受到你很痛，妈妈来帮你起来，好吗?需要妈妈来抱抱吗?"情绪上的抚慰可以帮助孩子接纳自己的情绪。

第四，在孩子的情绪基本平复后，妈妈可以蹲下来陪着孩子，询问："妈妈看到你刚才很生气，你要不要跟妈妈说说你生气的原因?"这样做有助于孩子了解自己的情绪。

第五，妈妈可以继续问："你知道你生气想表达什么吗?知道以后如何处理生气吗?"这样做有助于孩子调节自己的情绪。

当情绪经历了健康的历程后，不良的感觉就不会留在身上。

阿德勒说，个体的任何经验都要先经过心理代谢作用的中介机制来同化与消化，才能变得有效。所以，孩子不只是由外力形塑的单纯被动性生物，他们还可以凭借自身的能力、通过自己的经验来行动，并创造自己的世界。

第三节　做情绪的主人

我们只是利用情绪，而不应被情绪推动，受它支配。

——阿德勒

一、父母应做情绪的主人

社会生活需要成熟的情绪表达，而评估情绪成熟度有两个主要标准。一个是“频率”，即情绪发生的次数；另一个是“强度”，即情绪发生时的力度。情绪的爆发引领我们发现生命风格中的问题，并帮助我们成为自己意识和情感的主人。情绪不仅具备帮助人类生存和适应的功能，也是激励我们前进的动力。

例如，可以看看“焦虑”和“恐惧”的区别。恐惧是对已知事物的担忧和害怕，而焦虑则是对未知事物的担忧和害怕。它们有本质的差异。焦虑是对事情发生前的过度敏感，也就是说，事情还没有发生就开始担心害怕；恐惧则是对事情发生后的敏感，也就是说，在事情结束后仍念念不忘,时常担心害怕。焦虑和恐惧都是潜意识运作的结果。

以焦虑情绪为例，潜意识中的焦虑情绪可能导致父母过度责骂和惩罚孩子，也可能导致父母采取疏离孩子、抽离情感的方式来回避自己内在的焦虑情绪。许多父母并不了解潜意识中的焦虑情绪如何影响亲子关系的健康发展，因此，我们需要唤醒潜意识，将其带入意识层面来理解。对内在的焦虑情绪进行正确的认知和接纳是至关重要的。

有一天周末，孩子对他的爸爸说：“爸爸，我想玩半小时游戏，然后就去做作业。”爸爸说：“好的，但我们要有一个约定。首先，你必须自己主动记时间；其次，半小时结束后你必须立刻放下手机，不能再玩；最后，你必须完成今天的作业。”孩子毫不犹豫地答应了。

在这半小时里，爸爸每过一会儿就看一下手表。半小时后，爸爸便说：“儿子，时间到了，你必须放下手机去做作业。”孩子边玩手机边说：“爸爸，这局还有大概五分钟，我马上就去做作业。”爸爸气愤地回答：“不行，我们已经有了约定，你必须立刻放下手机去做作业，否则我会没收你的手机。”孩子无奈地放下手机，但心里感到失落和生气。孩子不情愿地将手机丢在沙发上，回到房间，用力关上门。

孩子的行为彻底激怒了爸爸，爸爸跑到孩子的房间大声斥责：“你现在还有理了是吗？我们之前就达成了约定，说话就要算数！你再这样，信不信我揍你！”说完，爸爸用力关上了门。当天晚上，孩子真的离家出走了。

从这个案例可以看出，在那半小时里，这位爸爸一直不停地看手表，充当着计时员的角色。这表明爸爸对孩子非常关心，但孩子感受到的是爸爸的不信任。这位爸爸为何如此激动呢？孩子只是想多玩五分钟，为何引起了爸爸的愤怒？其实，爸爸的愤怒源于他的权威受到了威胁，他随之产生自我保护的冲动，这是他潜意识中的反应，但他的意识并不了解这一点。

阿德勒指出，我们口出恶言并非因为一时气愤，而是出于操纵和支配对方的意愿，想让对方服从自己的期待。在这个案例中，孩子没有遵守双方的约定，到时间后未能立即放下手机去做作业，导致爸爸感到沮丧和受挫，这种挫败感威胁到了爸爸的自尊心。愤怒是一种强而有力的情绪，因为这位爸爸感到自己受到了伤害，所以用愤怒来保护自己的面子。

阿德勒指出，情绪本身并无好坏之分，关键在于个体如何运用它们。如果某位爸爸将愤怒视为敌人，他便会陷入愤怒、发脾气、责骂的恶性循环中，愤怒此时成了他前行的绊脚石。然而，若这位爸爸为愤怒赋予新的意义，愤怒的力量便能驱使他去思考如何更妥善地处理问题，如何让孩子从中汲取教训，以及如何在将来遇到类似情况时更加从容应对。如此一来，愤怒便化为前行的垫脚石。

前者是以自我为中心，后者则是以任务为导向。作为父母，我们必须具备足够的自我功能，因为教养孩子是一项极具挑战性的任务。管教过度可能会“烫伤”孩子，而疏忽则可能“冻伤”孩子。然而，作为父母，这个人生任务是无可避免的，因此我们应竭尽全力，至少不给自己制造麻烦。

二、帮助孩子克服不良情绪

一些父母认为，孩子的童年不应比自己的更快乐。这种观点并非出于恶意，而是反映了父母在艰难童年中形成的心理状态。他们常有各种理由和座右铭，如“不打不成器”“子不教父之过”“棍棒底下出孝子”。然而，这些既严厉又难以令人信服的教育方式往往是徒劳无功的，反而可能导致孩子与父母之间关系的疏远。

有个初二的男生，两岁时父母离婚，他跟随母亲生活。六岁时，母亲再婚，继父对孩子的教育极为严厉。孩子学习拉小提琴，继父以激励的名义不断责备和训斥，导致孩子最终放弃了这项爱好。从四年级开始，孩子产生了厌学情绪，多次转学，直至初二时彻底拒绝上学。母亲向我诉说：“老师，这么多年来，我实在是支撑不住了。”

在这个例子中，男孩因为从小缺少生父的关心，后来又多次受到继父严厉的管教，他渴望被认可的情感需求一直得不到满足。情感需求严重匮乏的孩子只求生存，而不会思考成长。由于缺乏正常的成长经验，这些孩子未能准备好应对生活中的挑战和困难。正如亨利·史丹所说，这是发展经验的缺失。

曾端真教授认为，这样的孩子首先需要填补所缺失的成长经验，在心理上得到疗愈，在行为上得到引导，才能放下手中的防护武器，重新走上正常的成长之路。

/ 第五讲 /

阿德勒心理学与人际关系

个体只有在拥有足够的社会情怀时，才能正确解决自身问题，因为所有错误都源于缺乏社会情怀。

——阿德勒

人生有三大任务：工作、友谊和亲密关系。这些任务也是人际关系的任务，往往越拖延越难完成。

我们与父母、孩子、配偶、同事、朋友之间的相处，统称为人际关系。阿德勒认为，所有烦恼都是人际关系的烦恼。发展良好的人际关系需要具备足够的社会情怀，能够理解和接纳他人的生命故事、观点和成长历程，同时也需要合作、贡献和勇气的支持。

第一节　人际关系的本质是社会情怀

所有烦恼都是人际关系的烦恼。

——阿德勒

一、从自我中心走向他人中心

阿德勒心理学的核心思想可以概括为：从自我中心走向他人中心。

自我中心体现勇气之缺，他人中心彰显勇气和社会情怀。气馁源于勇气不足，而真正的勇气非单纯之勇敢可比。

有一次，我母亲给我打电话，询问我目前的生活状态和工作状态。她关切地提醒我，不要过分拼搏，只要生活过得去、工作开心就好，不要让自己被压力逼得喘不过气来，因为太大的压力会让人变得非常痛苦。她提到村里有个人因为在外做生意失败，欠下了很多钱，无法继续前行，最终选择跳楼自杀。听到这个消息，母亲不解地说："这个人怎么能想不开呢？难道有勇气自杀就没有勇气活下去吗？"我打断了母亲的话，解释道："母亲，我需要纠正一下，他的行为并非有勇气，而是在逃避。想想看，他因为生意失败选择了自杀，但这样做对他的家人和合作伙伴造成了巨大的痛苦。他选择自杀并不是有勇气，而是在逃避现实生活中的困难和责任，这是自我中心，这正是缺乏勇气的表现。"

在日常生活中，家庭暴力、校园暴力、社会暴力等现象都揭示了施暴者缺乏勇气，这些行为源于以自我为中心，无视他人的感受。生命的真谛在于与他人建立共鸣，共同拥有并接纳有效的意义。

勇气意味着承担风险的能力、克服困难的决心，以及与他人合作的能力。勇气是推动改变世界、创造美好生活的动力。我们需要勇气去克服自身缺陷和外在阻碍，与他人和谐相处。

真正的勇气是社会情怀、行动力和不懈努力的结合。我们共同的目标不仅关乎自己或他人的利益，而且是我们共同追求的理想，这深刻体现了合作、贡献和勇气的精神内涵。

阿德勒指出，炫耀出身、社会关系和能力是优越情结的表现。这种情结往往与自卑情结并存，驱使人们追逐虚幻的理想目标，却缺乏直面现实的勇气。这种过度补偿，实际上是自卑情结的折射，深藏着难以言说的痛苦。这种现象在现实生活中屡见不鲜，他们常常表现出一副高高在上的姿态，而内心却承受着巨大的痛苦。

有一个男孩，他的父亲经营着一个大型集团公司，家境富裕，从小到大都有几个保姆照顾他的起居生活。他的成长过程中，母亲一直陪读，无论是在小学还是大学，他都有母亲的陪伴。每次换学校，他都在学校附近买房居住。父母希望他能成为集团公司的接班人，因此他从小到大几乎无须做任何事情，只专注于学业。

大学毕业后，父母希望他去国际大公司获得锻炼后再回来接管家族企业。然而，这个男孩去面试了几家公司，都被拒绝了。尽管他有一定的理论知识，但缺乏其他社会经验和人际关系技能。正如古人所说，纸上得来终觉浅，绝知此事要躬行。

多次遭遇失败后，这个男孩变得极度气馁，彻底与外界隔绝。他心中充满了怨愤："你们看不起我，我还看不起你们呢。"

为什么会这样呢？这个男孩从小到大一直受到保护，所以未曾养成克服困难的能力和自我成长的动力。他缺乏与他人合作的经验，没有对社会作出贡献的经历，也没有与外界接触的勇气。他将失败和挫折视为致命打击，对待他人持有竞争态度，回避与他人的关系。这表明他严重缺乏社会情怀，沉浸在自我世界中，表现出一种优越情结，而优越情结是自卑情结的表达方式。阿德勒认为，优越情结是自卑情结的产物。

二、人际关系需要合作、贡献、勇气

阿德勒认为，语言的运用，包括说话、阅读和书写，都必须建立在与他人的接触之上。语言的形成是人类共同努力的成果，是社会情怀的产物。虽然社会情怀是人类天生的潜能，但必须经过后天的培养和唤起。合作、贡献和勇气都需要通过训练来培养。

勇气，并非简单的勇敢面对困难，而是指一个人内心的自由，深知自己是环境中的一部分。这样的人乐于合作，乐于作出贡献，并且不会逃避生活中的挑战，而是选择正面应对。

曾端真教授指出，成长的过程需要经历克服正常痛苦的训练。缺乏社会情怀的孩子，在面对现实生活中的困难时，往往无法付出努力，无法克服挑战，也无法承受生活中的痛苦，他们往往过分自我保护，固执己见，倾向于通过支配他人来逃避任务，关注自我利益，夸大评价的威胁。只有具备社会情怀的人，才能拥有平等的自我认知和人际关系观，才能以合作的方式关心他人，理性对待评价。

阿德勒的人生观、教育观和治疗方法都强调鼓励，鼓励是培养社会情怀的关键。鼓励并非简单的技巧或方法，而是一种艺术，是从内心发出的感动。它让人感受到自己的价值，帮助人们学会用他人的眼睛去看，用他人的耳朵去听，用他人的心去感受。

有一天，我去宠物店购买猫粮，刚好看到一个小男孩正在笼子旁逗弄里面的猫咪。店员立即走过去对小朋友说："小朋友，请不要玩弄猫咪，笼子可能会被弄坏，小猫会受惊吓的。"小朋友听了，停止了逗弄，但等店员回到座位后，又跑去逗猫了。店员再次提醒道："我刚刚不是跟你说了吗？你为什么还不听？"店员再次走过去，小朋友又退后了一步，但等店员离开后，又跑去逗猫了。他们之间不断重复着这个过程。

我注意到店员已经很生气了，便走过去对小朋友说："小朋友，你要小心哦，这个笼子掉下来会砸到你的脚，会很痛的哦。"小朋友听了，马上退后一步，露出笑容，然后离开了。

为什么店员多次与小朋友沟通，小朋友却一直不合作呢？而我仅仅说了一句话，小朋友就愿意接受呢？因为店员关心的是事情的结果，而我关心的是小朋友本人。店员只关注笼子会被弄坏、小猫会受惊，显得以自我为中心，小朋友感受不到店员在关心他，因此不愿合作；而我关心的是小朋友，他感受到了我的善意和关怀，所以愿意接受我的提醒，这是合作式地关心他人。

阿德勒说，我们需要理解人性。这些日常小事件，可以给父母和教育者一些启示，即关心人比关心事情更容易达到想要的人际关系效果。阿德勒还说，如果我们希望孩子听我们的话，就要先成为一个让他们愿意听我们话的人。

三、个人意义永远无法经受考验

人生有三大任务：工作、友谊和亲密关系，其都可归结为人际关系的任务。我们与父母、孩子、配偶、同事、朋友之间的关系，统称为人际关系。阿德勒认为，所有烦恼都是人际关系的烦恼。发展良好的人际关系需要具备足够的社会情怀，也就是说，要能够对他人的生活故事、观点和成长历程给予足够的理解和接纳，而不是先去怀疑和责怪别人。

阿德勒认为，个人意义永远无法经受考验。所谓个人意义，是指每个人都有独特的生命风格。每个人的主观经验和观点都是个体独特的创造。例如，“孝顺”这个概念，不同的人有不同的理解和诠释。个人意义是个体主观定义的产物。

阿德勒曾用一个寓言故事来说明个人意义无法经受考验：一个小宗派的领导者告诉他的信徒，世界末日将于下周三降临。于是，这些信徒依照领导者的指示，放弃所有财产，等待末日的到来。然而，末日并未如期而至。当信徒们质疑领导者时，领导者却解释说：你们的星期三和我的星期三是不同的。这个故事告诉我们，个人意义是主观的，真正的生活意义应当是能够共享、有用且对他人有效的。

阿德勒指出，万事皆取决于观点。

人际关系中的障碍往往源自彼此观点的不一致，这种差异常常体现在日常生活的琐事中。

有一天，我无意中听到两位女士的对话。其中一位说：“我让我丈夫买两粒电池回来，结果他买了四粒，我非常生气。问他为什么买多了，他说是为了备用，免得下次需要时又得去买。”另一位女士则说：“没关系，多余的可以留着备用，丢掉也不会损失多少钱。”第一位女士则坚持道：“这是浪费，而且每样东西都要备用，家里会变得杂乱无章。”

仅仅是几粒电池，却引发了三种不同的观点。这显示了现实生活中人际关系合作障碍的根源就是彼此观点的不一致。

“万事皆取决于观点。”阿德勒的这句话很容易理解，但难在什么？难在改变观点。改变观点并不容易，我们需要训练自己以更正确的观点看待他人、事物、事件，而这种正确的观点就是社会情怀。

在现实生活中，我们很容易用自己的观点看待他人、事物、事件，这往往导致人际关系发生矛盾。我们习惯于用自己的期望去要求他人服从我们的观点。

曾端真教授说：“我们永远不应该与他人的价值观争论，因为每个人的价值观都是独特的。”

德雷克斯是阿德勒的学生，他曾说过一句名言：“面对不完美需要勇气。”这句话的初衷是鼓励他人接纳生活中的不完美，但很多人可能会产生误解。

追求完美本身并无过错，但过度追求极致，则可能使自己陷入无尽的痛苦之中。对于完美主义，关键在于我们如何界定它。倘若我们的完美主义旨在助人、为社会贡献力量，那么这种追求便是健康的。这种以他人为中心的完美主义，不仅有益于人类社群，也必然会赢得尊重与敬佩，进而建立和谐的人际关系。

然而，如果我们的完美主义仅仅是为了赢得他人的喝彩或追求外部的认可，那么这种追求就是不健康的。这种以自我为中心的完美主义者，一旦失去外界的认可，就会陷入深深的痛苦之中。拥有这种以自我为中心的自我保护态度的人，无法建立起健康的人际关系。

阿德勒指出，只要我们感受到自己作出了贡献，就不需要依赖他人的感谢和赞美。

四、把握好人际关系的松紧度

人际互动的成败在很大程度上取决于双方所展现的社会情怀。曾端真教授为了让学生更好地理解人际关系的互动原理，用了一个生动的隐喻："人际关系就像穿鞋子一样。"鞋子太紧会让脚痛，鞋子太松又容易掉，要如何找到合适的尺寸，确实不容易，最重要的是让彼此感到舒适自在。

亲子关系也是如此。如果孩子和父母之间的关系是舒适的，那么孩子在人生旅途上就能够顺利前行；但如果关系过紧，就会阻碍孩子的前进，甚至会导致反抗和叛逆的出现。

有一个女孩从五岁开始学习钢琴，随着年级的升高，学习任务变得越来越重。到了九年级，面临中考压力的时候，她向父母提出停止学琴并专心学习，以免影响升学。然而，父母坚决反对，认为放弃已经学了多年的钢琴太可惜了。无奈之下，孩子只能在学业和音乐之间苦苦挣扎，带着压抑的情绪度日。最终，孩子没有考上理想的高中，于是开始抱怨父母，并且开始了对学业的抗拒和叛逆。

学习艺术本身是一件好事，可以陶冶情操，磨炼气质。但是，如果在学习的过程中带着压力和抗拒，只会适得其反。真正的学习动力应该源于兴趣。

放弃学习艺术并不是一件坏事，关键在于如何放弃。带着情绪的放弃不仅无法平复之前的情绪，还可能增加新的情绪，雪上加霜。父母与孩子平心静气地商量，不将自己的意愿强加给孩子，尊重孩子的自主选择，给予孩子决策的自由，才是有效解决冲突的方法，也是向子女传递爱和接纳的良好示范。

为了保持舒适的人际关系，应该注意以下几点：

（一）接纳自我

只有先自我接纳，内心感到舒适和安全，才能够接纳和鼓励孩子，这是父母首先应该做到的。孩子与人合作的最初经验来自父母之间的合作榜样。如果不想培养出叛逆的孩子，就不应该在教育过程中强迫孩子顺从，否则将失去管教孩子的能力。

人是社会的一部分，要建立良好的人际关系，就需要走出自己的小世界，走向更广阔的世界。在这个过程中，合作、贡献和勇气是不可或缺的。这种合作并不是一种被厌恶的威胁。用阿德勒的理论来解释就是：这种没有被厌恶的威胁表明我们内心是强大的，这并非源于对他人的漠不关心，也并非不在乎他们是否喜欢或认同我们。

（二）顺应现实

阿德勒曾提出这样一个比喻：想象一个人被困在一个房间里，房门被锁住，无法打开。唯一的出路是在墙角找到一个可以让一个人通过的洞。

如果这个人感到困扰，觉得自己被困住了，认为没有其他选择，只能屈服于境遇，弯腰低头钻出那个洞，那么这种选择其实是在向外界屈服，这个人内心带有不满，是在抗拒现实。

另一种选择是，尽管房门被锁住无法出去，但这个人发现墙角还有个洞可以逃生后，他欣然地接受了这一事实。这种选择是在顺应现实，当一个人顺应现实时，内心是平静的，不会反感。

因此，屈服实际上是自我中心的表现，而顺应则是一种自在的体现。

（三）理解他人

人性的弱点在于我们往往只记得自己没有的，而忽视了自己曾经或已经拥有的。

有一位女士寻求咨询师帮助解决她的人际关系问题。她觉得自己在人际交往中存在困难，她总是独来独往，甚至自称“孤独的玫瑰”。

在与咨询师的交流中，她分享了自己的童年经验。在七岁之前，她过着非常快乐的生活，作为独生子女，得到了家人无尽的关爱和关注。然而，当她七岁时，家里迎来了一个妹妹，自然而然地，家人的关注和照顾匀了一份给妹妹。

对成人来说，这种情况很容易理解，但对小孩来说，她无法像成年人那样通情达理。阿德勒指出，孩子是天生的优秀观察者，但由于他们的理解能力有限，他们是无法评判的。因此，孩子会用自己的经验和观察去逐渐形成自己的信念。

所以，对这位女士来说，她小时候的理解是：“你们都不喜欢我了，你们都喜欢妹妹了，你们所有人都关注妹妹了，我是一个不受欢迎的人。”这种主观的诠释在她的潜意识中形成了错误的信念：“我是不受欢迎的。”

阿德勒指出，一个人的生命风格在五岁左右就通过自己的思想、行为塑造而成，而且可以这样保持一辈子。也就是说，在这个关键时期，个人思想和行为的方式就会形成，并持续影响着他们未来的人生轨迹。

在那个年纪，她的潜意识就开始承载着这种错误的经历，这种经历深刻影响着她对当前人际关系的认知。对于他人的正常行为，她可能会误解为别人对她不感兴趣或不关心她。

阿德勒认为，人性既有弱点也有优点。要深入了解一个人，理解自己，就需要懂得理解人性。理解人性意味着理解一个人内心深处的心灵运作，了解他们的想法、追求和行为动机。只有正确地理解他人，才能建立积极的人际关系。

阿德勒强调，我们对他人的态度完全取决于我们对他人的理解程度。因此，建立良好的社会关系的基础在于理解和尊重他人。

五、社会情怀的具体内容

曾端真教授提出了平等谦虚、正向连接、友善陪伴、安然自在的16字箴言，这也是社会情怀的具体内容，分别如下：

平等谦虚：这是我们在与孩子或任何他人互动时应持有的态度。教育者应摒弃高高在上的姿态，以平等和谦虚的心态去理解和接纳孩子。我们需要虚心探求理解孩子的途径，耐心倾听他们的心声，因为对孩子而言，他们想要表达的内容都至关重要。同时，鼓励是不可或缺的一环，它传递出我们对孩子深深的信任和欣赏。身为教育者，我们要以身作则，因为孩子常常是通过模仿来学习的。如果我们期望他们拥有耐心和热爱学习的品质，我们自己就必须首先展现出这些特质。

正向连接：这强调了在面对错误时，我们应持有积极的态度。无论是孩子还是成人，都会犯错。我们应该以积极的心态去对待这些错误，将小的错误化为成长的契机，而非将其放大成大问题。理解孩子的错误，需要我们站在他们的角度，以他们的视角、听觉和感受去感知。这种积极的连接，是建立积极反馈和有效教导的基础。

友善陪伴：这要求我们给予孩子或其他伙伴真挚而专注的陪伴。当孩子需要我们的陪伴时，例如在完成亲子作业时，我们应全身心地投入其中，避免分心或敷衍。真诚的陪伴需要正确的感受和行为作为支撑，这样才能建立起深厚而健康的关系。

安然自在：这是我们在社交中追求的一种理想状态。只有当孩子与我们交往时感到自在和舒适，他们才能更好地展现自己，与他人建立良好的关系。孩子天生具有自卑感，因此，我们应格外注意避免让他们感到不适或自卑。阿德勒认为，通过让他人感到安然自在，我们能让生命焕发出更多光彩。

这 16 字箴言，不仅适用于教育者与孩子的互动，更是我们在日常生活中与他人交往时应秉持的原则。通过践行这些原则，我们能够建立起更加和谐、积极的人际关系。

第二节　人际关系与童年印记

人的生命是有限的，只有凝聚众人的力量，生命才能得以延续。

——阿德勒

个体对于和谁交往、喜欢与何种人相处、与何人合作等问题，在潜意识中早已有了答案，尽管他在意识层面并不清楚。在幼年时期，个体塑造了生命风格，潜意识中储存着一系列童年印记，这些印记在个体应对工作、友谊和亲密关系时发挥作用。

阿德勒指出，一切取决于观点，这些观点源自童年经验，是个体成长历程和生命故事的反映。自我印记、手足印记、父母印记、家庭印记、性别印记以及特殊成长经历，都深深地刻在个体的生命之中，如同一张隐形地图，指引着个体的目标及实现途径。

一、自我印记

有一位男士回忆起自己的童年时光，描述了父母对他的严格管控，只要涉及父母认为有危险的活动，他就被禁止参与。这种严格的管控导致他在小时候几乎没有朋友，也很少有机会去结交朋友。

在他小时候形成的自我印记中，他认为自己是一个缺乏自由的人，这种自卑感伴随着一种优越感。因此，在日常生活和工作中，他总是追求自由，不喜欢被人监督和限制。在他的潜意识中，有一个自我的主观经验：

我是：没有自由的。

他人是：管控我的。

世界是：没有自由的，是痛苦的。

所以我要：不受人管控。

他带着这张隐形地图应对自己的人际关系。尽管追求自由并没有错，但在现实生活中，并不是所有事情都能自由进行，也不是所有人都能给予他自由。如果过分追求自由，必然会影响到人际关系的发展。

二、手足印记

有一位女士分享了她的童年经验，她的爸爸妈妈长期在外省工作，留下她和两个弟弟与年迈的爷爷奶奶相依为命。由于爷爷奶奶年事已高，不能做太多事情，她承担了家里许多家务，并且要照顾两个弟弟。当被问及小时候是否觉得辛苦时，她表示并没有觉得辛苦。询问她爸爸妈妈最喜欢谁时，她自豪地回答："爸爸妈妈最喜欢我，他们非常感谢我能够把家庭照顾得如此周到。"当被问及听到父母这样说有何感受时，她表示自己感到非常开心，觉得自己很有价值。

从她的故事中可以看出，她的优越目标是被肯定和认同，因此，她在生活中愿意照顾他人。在她的潜意识中，有着自我的主观经验：

我是：愿意照顾他人的。

他人是：需要我照顾的。

世界是：认为照顾他人是一种贡献。

所以我要：让他人快乐，让自己有价值。

她以这张隐形地图来回应她的人际关系。

三、父母印记

我生长在农村，家里种了许多庄稼，我记得最清楚的是每到夏天就要挑水浇菜，这是一项非常辛苦的任务。

有一次放学后，我和母亲一起去菜地浇水，我负责挑水，母亲负责浇菜。我费了好大的劲挑了一担水到了菜地，母亲却用了一整桶水就浇完了一棵辣椒。我感到很困惑，心想我这么辛苦挑水来，她怎么这样浪费呢？就在我犹豫不决的时候，母亲大声地说："快去挑水啊，你还站在这里干什么？难道不想吃晚饭了吗？"我不敢反抗，只能硬着头皮继续挑水。

在那一刻，我的潜意识形成了一个错误的信念：权威可以迫使人服从。我在潜意识创造中形成了这样的主观经验：

我是：需要听从命令的。

他人是：处于高位的。

世界是：不服从就会带来不好结果的。

所以我要：成为一个有权威的人。

当我带着成为权威人士的私人逻辑来应对亲子关系时，我遇到了各种挑战和矛盾。幸运的是，通过学习阿德勒心理学，我调整了我的生命风格，我有了和我的孩子成为朋友的机会。

四、家庭印记

在我小时候，我的家庭可以说是相当贫困的。尽管如此，父母都非常勤劳，竭尽全力地工作来赚钱。尤其是父亲，他对家庭格外用心，一直在尽力改善我们的生活状况。由于父亲身体状况不佳，所以我们的经济状况也并不宽裕，他经常不得不向别人借钱来维持生计。

记得有一次，我7岁的时候，偶然听到父亲和母亲在房间里交谈。父亲说他向邻居借了一百元钱，答应今天还给他，但父亲身上一分钱都没有，不知道该怎么办。母亲说："那只能坦诚相告了，希望邻居能够理解，等过一段时间再还给他。"下午，邻居来找父亲要钱，我远远地观察着，虽然不知道父亲和邻居之间说了些什么，但我能感受到父亲在邻居面前的无奈和谦卑。

那时，我告诉自己，家庭贫困就会让人看不起，会让人失去尊严。我立志长大后要努力赚钱，让家人能够过上优质的生活。

五、性别印记

曾经，我是一个缺乏勇气邀请女性合作的人，甚至在恋爱时也不敢主动追求女生，因为我害怕被拒绝。

记得在我读小学三年级时，老师组织了一个活动。我们排成一个圈，一边跳舞一边唱歌，要邀请一个异性同学作为舞伴，一起跳完舞曲后，这位舞伴就要去找下一个舞伴，如此循环直到全班同学都有参与活动为止。老师第一个点到了我，我一边跳舞一边唱歌来到一个女同学面前，但她拒绝了我的邀请。我站在那里，感到非常尴尬，只能去邀请另一个女同学才算完成了活动。

从这个故事中可以看出，我的自卑感源于被拒绝。因此，我的潜意识一直告诉我，去邀请女性合作就会遭到拒绝。我潜意识里的主观经验如下：

我是：不被看好的。

他人是：拒绝我的。

世界是：被拒绝会令人尴尬。

所以我要：不去邀请女性合作。

然而，阿德勒说，人不应被过去束缚。我重新绘制了我的生命地图，现在我很开心地发现，在我的工作和生活中，与女性的合作是非常愉快的。

六、特殊成长印记

有些孩子在幼年时可能患过重大疾病，当时他们得到过父母无微不至的照顾和关怀。然而，他们也可能陷入一种饭来张口、衣来伸手的状态。在这个过程中，他们很容易受到父母过度的关心和欣赏。特别是对那些平时没有经历过如此宠爱的孩子来说，他们会特别喜欢这种格外的关注。就算他们康复了，为了不失去这种特殊的对待，他们也可能会频繁地占用大人的时间。如果大人不能满足他们的需求，他们就会感到被忽视。在这种情况下，他们可能会用自己的经验来形成错误的生命风格。

第三节　社会情怀与亲子关系

个体只有在拥有足够的社会情怀时，才能正确解决自身问题，因为所有错误都源于缺乏社会情怀。

——阿德勒

一、社会情怀与家族教育

个体应对社会环境挑战的方式，即社会应对能力，在阿德勒的理论中被称为社会情怀。社会情怀是一种利他的精神，表现为对他人的深切关怀和建立正向连接的能力。它不仅是评判身心健康的一个重要指标，更贯穿于我们整个生命历程。

在成长过程中，孩子一直在追求情感的满足，这需要正确的教导。那些情感得到满足的孩子，会通过自己的努力克服困难，实现自己的目标；而那些情感得不到满足的孩子，则可能无法通过克服自卑感来获得优越感，也无法通过痛苦的经历来做好面对人生任务的心理准备。

经常责骂孩子的父母可能会导致孩子远离他们。在重男轻女的家庭中，女孩很容易变得好强，脾气暴躁。如果孩子在幼年时承受过重的自卑感，就可能形成气馁的生命风格，像走在倾斜的滑坡上一样，容易摔倒。父母的任务是帮助孩子建立健康的生命风格，以便他们在成年后更好地发展人际互动和人际关系。

家庭教育的最大障碍之一是父母总是用自己的生命风格来教育孩子。但是，父母来自不同的原生家庭，各自的成长历程和生命故事都不同。每个孩子的成长环境和先天气质也不同，这对父母来说是一个巨大的挑战。

二、亲子互动的三种介入方式

正如曾端真教授所说，亲子互动通常有以下三种介入方式：

（一）情绪式介入

情绪在每个人身上都具有自我保护的功能，其中愤怒是一种具有强大驱动力的情绪，能够激发人们的攻击性行为。在与孩子互动时，绝对不能让情绪主导，因为情绪化的交流只会导致情感障碍。

管教孩子的目标不是迫使他们立即服从，而是培养他们的自律和合作能力。阿德勒认为，要以利他为出发点，首先必须有一个健康的自我。作为父母，想要成为能够照顾和帮助孩子的人，首要任务是整理自己，使自己发展到足够的程度。

因此，情绪化的介入是不可取的，父母的情绪管理是孩子成长过程中至关重要的一环。

（二）期待式介入

有一位高中生学员，他打算在大学里选择心理学专业，因此提前开始跟随我学习阿德勒心理学。有一天，他向我提起了他的一个同学。半个月前见到他的时候，同学的头发浓密丰盈，但半个月后再次见到他时，发现他的头发明显减少了很多。我问他发生了什么事，他说他的同学一直忙于研究微积分和其他科学课题。

我问：“他想成为科学家吗？”他答道：“不，他只是想成为艺术家。”我追问：“既然他想成为艺术家，为什么要研究科学课题呢？”他回答：“是他父母逼的。”我进一步问道：“为什么会这样？”他解释说：“因为他父母都是博士，所以他们希望他成为一名科学家。”

因此，一个孩子要去满足父母的期望是非常辛苦的。作为父母，绝对不能把自己的价值观强加于孩子。期待式和情绪式的介入实际上是自我中心的表现，是在满足自己的优越感，而忽略了孩子的需求和个性，同时也在回避自己的自卑感。

（三）协助式介入

协助式介入意味着当孩子面临困难时，父母要如何帮助他们应对挑战，克服困难，重要的是让他们从中学到经验。这是培养社会情怀的关键。

阿德勒认为，家庭教育的核心在于父母是否传递了社会情怀。

有一次我去接我儿子放学，他见到我后说：“哎，气死我了，这次数学考试我考得很糟糕，题目其实很简单，只是我太大意了，太不细心了。”我听到他的话，感受到他的情绪，于是耐心地倾听他的抱怨。这时，他最需要的是鼓励，我需要帮助他发现自己的优点。我对他说：“我理解你对数学考试结果不满，但你一直很努力。你知道吗，听你说话时我发现了你的积极面。”他问：“哪些积极面？”我说：“尽管这次考试没考好，但你一直在自我反省、自我检讨，这是你的积极面。你已经意识到了自己的大意和不够细心，这会使你在未来更加谨慎，对吗？”他点头：“是的，我下次一定会注意的。”我说：“这就是你的积极面，这是你的资产。”

三、社会情怀与亲子互动

阿德勒说，真正的鼓励在于让孩子意识到“即使犯了错误，我也会被接纳”。

在这一部分，我们将探讨社会情怀与游戏互动之间的关系。人与人之间的互动本身就是一种游戏，必须遵守游戏规则。

那么，游戏规则是什么？它就是社会情怀。游戏的态度、选择以及赋予游戏的意义，直接反映了个体社会情怀的程度，而社会情怀直接影响着人际关系。

让我们先来看几个日常情境：

（一）邀请孩子合作

有一天，在电梯里，我碰到了一位奶奶带着一对双胞胎女孩放学回家。这对双胞胎女孩在电梯里玩得很开心，突然奶奶说道："今天我去接你们，看到教室墙上挂了很多画，但我怎么都没看到你们的作品呢？下次你们两个可以派一个代表，参加画展哦。"听到奶奶的话，双胞胎女孩立刻停止了玩耍，站在电梯的一角，脸上满是不悦之色。

当成人与孩子互动时，应该展现出积极的连接，注意观察，言辞友善，倾听细致。在教育过程中，我们必须谨慎地使用鼓励，并须注意不能打击孩子的意志。

为什么双胞胎女孩会表现得如此不悦呢？因为奶奶的提问是封闭式的，孩子无法回答，只能选择沉默。这样的互动只会加深孩子的自卑感。阿德勒主张采用苏格拉底式的开放式提问，引导对方思考，而不是仅仅给出答案。

如果这位奶奶问："我今天去你们学校看到你们教室有画展，那是什么画展啊？你们能不能跟奶奶说说啊？"这样的提问更像是邀请合作，而不是责备。当孩子分享完后，奶奶可以回应："太棒了，奶奶很喜欢听你们说这些，画展一定很精彩，希望下次你们也能参加。"

这样，孩子的合作、贡献和勇气得到了认可，她们也感受到了优越感。

（二）与孩子一起体验

有一天，一位父亲带着女儿到莲藕池塘挖莲藕。女儿站在池塘里，满身泥巴，情绪低落地对父亲说："我不想挖莲藕，我想读书。"父亲站在岸边，高声回应："你要是不读书，就只能做农民，一辈子都做农民。"女儿在池塘里无奈地回答："我要读书，我一定要读书。"

父母为了帮助孩子树立自信心，有时会误将激将当作鼓励，设立过高的行为标准或拿其他人来做比较，试图激励孩子努力奋斗。然而，这往往导致孩子面临过多挫折和自我否定，形成了"失败者"的自我印记。

心理容忍力是一个人在不失去勇气的情况下，所能忍受的压力程度。对于愤怒的儿童，他的内心隐藏着未被抚慰的脆弱感。

如果这位父亲能以身作则，和女儿一起挖莲藕，一起体验生活，而不是站在岸边一味地生气责备或指导，那么女儿将从父亲身上感受到真挚的爱和关怀。这种方式的效果要远远超过口头上的教导。

（三）获得孩子理解

有一天，一个男孩邀请他的妈妈一起打羽毛球。妈妈非常开心地接受了邀请，于是母子俩换好衣服鞋子，在空地上开始了愉快的羽毛球比赛，他们互相挥拍，其乐无穷。

突然，妈妈的手机响了，她停下来接电话。电话里可能谈到了一些不太愉快的事情，妈妈的脸色渐渐凝重起来，声音也变得越来越大。挂掉电话后，妈妈大声对孩子说："走啦，回家啦，不打了。"孩子请求道："再打一会吧。"妈妈生气地说："有什么好打的，走，回家。"直接不理孩子，兀自回家了。孩子站在原地，满脸无辜，内心充满了自卑感，他成为妈妈情绪的替罪羊。

如果这位妈妈能够控制好自己的情绪，坦诚地告诉孩子："刚刚妈妈接到一个电话，有些事情让妈妈感到不开心，妈妈现在没有心情继续打球了。妈妈需要你的理解，不要担心，相信妈妈会处理好这件事情的。"这样的沟通方式不仅不会伤害孩子，还能得到孩子的理解。同时也教会了孩子如何处理情绪——在不确定的时候保持平静。这是一个非常好的社会情怀的现场教学。

缺乏社会情怀的孩子，会采取远离人群的方式来掩饰内心的脆弱。而带着社会情怀的孩子，将以奉献社会的态度去克服自卑感。孩子在游戏中建立社会情怀，可以为未来的社会生活做准备。

/ 第六讲 /

阿德勒心理学与生活智慧

当我们开始去做自己力所能及的事时，世界不一定会因此发生改变，可如果我们什么都不去做，事情只会朝着更加糟糕的方向发展。

——阿德勒

阿德勒心理学是一门关于生活的科学。阿德勒教导我们生活的智慧，帮助我们找到人生的目标以及实现这些目标的途径。

阿德勒指出，人是以未来为导向的，个体不应受过去经验的影响。相较于了解人从何处来，知道人往何处去更重要。人在幼年时就已经设定了优越目标，这是一个心理图像的理想目标，是个体创造出来的仿佛可以获得安全感或优越感的设想，所以称为虚构目标。但是，追求虚构目标只是个体潜意识层面的行为，个体意识层面不了解有这样一个虚构目标牵引着个人的行为。

第一节 目标是行为的基本动力

如果我们没有目标作为支撑，只是虚幻地想象提升自己，那么就像在演戏一样，会觉得自己不是自己。

——阿德勒

一、个体的虚构目标

阿德勒强调，我们一生都处在追求从自卑到优越的过程，这反映了我们对自身价值和归属感的追求。他指出，人们是以目标为导向的。行为的动力源于从自卑感走向优越感，而行为的方向则是我们设定的虚构目标。这些虚构目标在潜意识中塑造了我们对人生的图像，而实际目标则是我们意识层面的确切目标。潜意识中的虚构目标驱动着我们意识层面的实体目标的实现。

举例来说，幸福和财务自由都是个体设定的虚构目标，因为它们没有统一的标准答案，每个人对幸福和财务自由的定义都不同。而实体目标则是具体存在的，是阶段性的成功。比如，成为主管、经理、总经理等都是实体目标的实现。这些实体目标的达成，是潜意识中终极虚构目标不断引导下的结果。

阿德勒心理学的哲学基础是虚构的终极目的论。有些成功人士可能已经拥有豪车、豪宅，事业成功，家庭幸福，但他们仍然不断努力奋斗。这可能会让人感到困惑，但其实他们只是在追求自己设定的虚构目标。我们只看到了他们现实生活中的一部分，没有看到他们未曾展现出来的部分。因此，我们只能用自己的虚构目标去理解他人的行为。

阿德勒心理学指出，每个人都有独特的优越目标。即使在拥有一切的情况下，人们仍然不断努力，这是因为潜意识中的虚构目标持续驱动着他们前进。换句话说，他们尚未实现潜意识中的虚构目标，因此才会不停地努力奋斗。

过度理想化的虚构目标会导致过度补偿，甚至产生心理症状，比如抑郁症。抑郁症是一种过度补偿的表现，当一个人担心被他人拒绝时，他可能会选择先拒绝别人。虽然抑郁症患者内心渴望他人的关心，但当他们真正受到关心时，他们可能会矛盾地拒绝，因为他们无法确定别人的关心是否真诚，这是一种自我保护机制。

阿德勒说，生命总会设法延续下去，而且在面对外来阻碍时，生命绝不会还没挣扎就先高举白旗。

抑郁症的人并不是不努力，实际上他们一直在努力，只是努力的方向可能是错误的，他们的虚构目标可能过于理想化。在现实生活中，我们也会看到一些人，他们可能不愿意做一些小事，也无法完成一些大事，这是因为潜意识中的虚构目标在操纵着他们。

阿德勒指出，如果目标不变，行为就不会产生改变。因此，行为是为了实现目标而服务的。

二、调整不合理的虚构目标

有一位高中女生，前来咨询时已经连续拒学一个月了。然而，这种拒学只是表面现象，其背后必定隐藏着内在思考和情绪积累。如果我们仅从她的拒学行为出发：“你应该好好读书，否则你未来的生活将会充满挑战。”这样的规劝不仅无法帮助她重新融入学校生活，反而可能使她与学校渐行渐远。她不愿上学的原因必然源于内在的主观诠释。我们的任务是帮助她改变内在的主观诠释，这样她才有可能重新踏入校园。

当女生的父亲陪同来找我时，他说："刘老师，我的女儿其实学习成绩一直很好，在学校也是学霸级别的，我实在想不通她为什么会出现这种情况。我们一家人都很关心她，几乎所有注意力都集中在她身上，而对于她弟弟，我们几乎没有过多干涉，就像放养一样，我们对他几乎没有管束。"

作为一位专业的心理咨询师，从女孩父亲的简短陈述中，我心生一种猜测：女孩是否在潜意识中嫉妒弟弟的自由？工作中，这个猜测得到了证实，女孩向我提到了关键词"嫉妒"。我询问："你能跟我谈谈你的嫉妒吗？"她回答："在学校，我举手回答问题，明明是正确的，但老师却总要邀请其他同学回答，这让我感到不舒服。"我继续追问："这种不舒服对你来说意味着什么？"我需要了解她对这种不舒服的独特看法。

她继续说："老师不相信我。"我进一步询问："还有其他吗？能否多说一点？"她说："在学校，我有一个很好的朋友，虽然她长相不如我漂亮，成绩也不如我好，但我们班的男同学都喜欢围着她转，这让我感到非常不舒服。"我继续问："你曾经有过类似的嫉妒经历吗？这种嫉妒让你想到了什么？"她突然说："我弟弟。"我请她谈谈。她说："我从小就嫉妒弟弟，爸爸妈妈几乎不管他，他自由自在，而我却受到严格管理，他们就是不相信我。"

案例到此，我们看到"老师不信任我""男同学不信任我""父母不信任我"等信息。生命风格的一致性告诉我们，这个女孩行为背后的虚构目标是：我是一个值得信任的人。当她感受到别人不信任她时，潜意识中的伤痛就被唤起，她的意识层面就会产生反抗行为，她只是用拒学这个手段来捍卫自己的优越目标。

努力赢得别人的信任固然是件好事，但实际上，我们无法确保所有人都信任我们。这个女孩的虚构目标需要适度调整，一旦她正确调整这个目标，她就能够放下手中的武器，变得平和，重新正视自己的学习和生活。

第二节　用智慧渡过人生的危险困境

决定自己的不是环境等因素，而是自己。既然生而为人，就永远有其生存方式。

——阿德勒

阿德勒心理学提出了“危险困境”的概念，指的是一个人的生命风格在特定情境下遭遇到挑战而陷入瓶颈。

一、过度补偿行为模式的弊端

在危险困境中，个体往往会夸大外在威胁，产生气馁情绪和过度补偿的行为模式，旨在消除自卑感，维护优越感。实际上，过度补偿是一种自我保护、抗争和退缩的表现。过度补偿的人倾向于使用“是的……但是……”一类的语言表达。

一个企业在第二季度的销售业绩大幅下滑，总经理感到非常愤怒，召开会议查找原因。在会议上，总经理询问销售部门经理：“这个季度业绩下滑如此严重，作为部门经理，你有何看法？”部门经理回答：“我知道这个季度业绩确实很差，但整个大环境都不太好。”总经理反驳：“市场环境不佳是所有公司都面临的问题，对我们公司来说也是如此。面对业绩下滑，你有何解决之策？”部门经理回应：“我一直在考虑这个问题，但我们销售部门面临着各种困难，这给我们带来了很大的挑战。”总经理追问：“你有没有提出解决方案？”部门经理回答：“我们可以采取一些措施，但如果公司在人员配置、薪资待遇、提成政策等方面能够给予支持，效果可能会更好。”

总经理和部门经理的对话一直沿袭着“是的……但是……”的模式。问题何在？问题在于部门经理一直在为业绩下滑寻找理由，而未寻求解决方案。若持续这种对话模式，预计第三季度的业绩将进一步恶化。部门经理一直在努力消除自卑感，维护优越感，这是一种过度补偿，即一种自我保护、抗争和退缩的行为模式。部门经理的生命风格遇到了挑战，他面临着危险困境，而这一切发生在他的潜意识中，意识层面尚未加以理解。这是过度补偿行为模式的弊端。

二、积极面对人生的每个第一次

阿德勒指出，人的一生中存在几个典型的危险困境，包括弟妹出生、上学、幼年生病、工作、结婚、生孩子等。个体倾向于以幼年时塑造的生命风格原型来应对当前的人生任务。如果生命风格不健康，个体面对新的人生任务挑战时将面临艰难考验。无法应对这些挑战可能导致心理症状的出现，这表明生命风格未能妥善准备以迎接新的人生任务挑战。这种状态被阿德勒称为心理预备度。

在此过程中，新环境本身并非导致症状的原因，真实原因是个体对新环境缺乏充分准备。以生孩子为例，它并非直接导致产后抑郁症的原因，缺乏对父母角色的充分准备才是导致该症状的深层原因。

有些人长时间找不到工作，并非真的无法找到，而是因为他们不愿意接受工作的挑战；有些人在工作中挑剔，并非出于挑三拣四的本意，而是因为他们对自己的能力缺乏信心；有些人频繁跳槽，并非因为他们热爱变换，而是因为他们无法克服工作中的困难。

那些有溺爱型生命风格的人，他们渴望被溺爱，但实际上并非真正需要溺爱。这些现象都揭示了某些生命风格心理预备度的不足，是危险困境的体现。

孩子害怕上学，除了需要安全感和爱的支持，还需学会遵守规则以适应学校生活。这些能力需通过训练来培养。若孩子在家庭和学校都面临过大压力，却未掌握适应团体生活的基本技能，再加上韧性不足，就容易产生拒绝上学的情绪，这构成了一种危险困境。

家庭和学校在孩子适应团体规则方面遇到困难时，必须伸出援手，帮助孩子积极面对学校生活。许多在学校表现出偏差行为的孩子，其实是从家庭到学校这一过渡阶段遇到困难时没有得到帮助，导致学习逐渐走下坡路，进而失去了对学习的兴趣。

阿德勒指出，问题儿童的出现基本上源于早期教育，特别是家庭教育。学校仅仅作为一个测试环境，将潜在问题暴露出来。

阿德勒的学生苏菲亚认为，成长过程中的每一个“第一次”都至关重要。人的一生会经历无数次“第一次”，每一次都是宝贵的训练机会，也是激发勇气的契机。这些“第一次”代表全新的经验，如同一张白纸，背后隐藏着需要克服的正常痛苦和困难，需要我们进行训练。

孩子第一次面对考试成绩不佳时父母的不合理要求或错误的教育方式，都可能导致他们缺乏社会情怀，进而在其他方面遭遇失败。这些都是孩子可能面临的危险困境。若家长未给予足够重视，孩子可能会基于自身经验形成不健康的生命风格，长大后在面对某些危险时缺乏应对能力和勇气。

大多数孩子第一次上学是否会感到痛苦？答案是肯定的。他们需要忍受与家人分离、应对作业、建立与老师和同学的人际关系等痛苦。父母要帮助和引导孩子正确处理这些正常的痛苦，以协助孩子克服这些困难。

在我八岁那年的夏天，父亲让我带着家里养的两只鸡去市场卖，然后用卖鸡的钱买些油盐等生活必需品回家。那是我第一次出去卖东西，缺乏经验，但我还是鼓起勇气前往了市场。到达菜市场后，我刚蹲下不久，就有一个男人表示想买我的鸡。他问："你没有秤吗？"我回答："我忘记带了。"他说："没关系，你在这里等一下，我拿到前面去称一下。"我毫不犹豫地答应了。

然而，这个男人拿走我的鸡后就再也没有出现，过了很久我才意识到自己被骗了。我当时非常伤心，哭哭啼啼地回家向父亲述说了经过。父亲没有责备我，也没有生气，反而对我说："算了，被骗了就被骗了。第一次出去卖东西，你缺乏经验也是可以理解的。吃一堑，长一智，至少这件事让你长了教训。"

这是一种培养克服困难和痛苦的能力的训练。我从与父亲的互动中学到了爱、支持、鼓励、勇气和行动力，也学到了正确的道德观念和谨慎的人际态度。作为父母，让孩子自在地享受生活、自信地面对挑战，这样的训练至关重要。在这个过程中，父母需要保持耐心，特别是要给予真诚的鼓励。

个体的行为动向可以反映他们面对生活任务的态度。有些个体因自卑情结而在面对困难、生活压力、新环境和发展阶段的挑战时表现出抵抗、退缩、僵化和停滞的症状。这种情况常见于上学、工作、结婚、生子等转折阶段。

三、用智慧化解手足间竞争

一个家庭中，弟妹的出生对于哥姐来说也是一个危险困境，他们将要面临手足间的竞争。一位妈妈向我求助："刘老师，我有三个孩子，一直是我在带，老大老二都挺好的，就是老三总是喜欢和我对着干，我对三个孩子都是一视同仁的，为什么老三就是不听话呢？"我邀请她分别给我讲述她三个孩子的成长故事，听完后我问她："你的感觉如何？"她说："通过这个回顾，我发现三个孩子的性格都不一样。"

阿德勒说，每个人都是独一无二的个体，如果不了解孩子的独特性，就无法给予正确的教导。她找到了老三不听话的原因，其中不乏手足间的竞争。多子女的教育对父母来说是一项考验，如果不留心，孩子可能会用自己的经验来建构自己的生命风格。手足间的竞争因为常见，很多父母和教育者就忽视了它。

我的太太谈到小时候和弟弟的一个互动故事。

她经常和弟弟发生小吵小闹。有一次，他们吵架，弟弟跑去找奶奶告状："奶奶，姐姐打我。"她奶奶很聪明，对弟弟说："姐姐打你了吗？那我也来打姐姐。"于是，她假装在太太旁边拍了两下手，"来，我也打她。"弟弟对奶奶说："你都没有打到。"奶奶说："没打到吗？好，我再打一下。"又假装在太太旁边拍了两下手，逗得姐姐和弟弟哈哈大笑。就像什么事情都没发生一样，后来他们开心地玩耍了起来。

这个故事展示了用幽默和智慧来化解手足间竞争的方法。

当然，化解危机还有很多种智慧，但基本上都要做到冷静思考、灵活应变、有效沟通。只要了解阿德勒所说的每个人都是独一无二的个体，善于用创新思维，就可化危机为机会。

第三节　提高心理容忍力助成功

心理容忍力取决于与社会连接的强度。

——阿德勒

一、心理容忍力的概念

阿德勒心理学提出了“心理容忍力”的概念，即一个人在面临威胁时所能忍受的程度。缺乏心理容忍力的人，容易夸大环境的威胁，低估自己的能力，缺乏自主性，总是只看到问题而不是解决方案，觉得无能为力，无法自我肯定。

一个缺乏自我肯定的人无法接受自己的缺点和不足，即使有优点也不自信，常感到软弱无力，害怕冒险，缺乏自立能力，倾向于推卸责任，情绪波动大，对失败和挫折感到沮丧，对未来持悲观态度，无法接受自己和他人的不同，习惯与他人竞争或避开他人。

相反，具有足够心理容忍力的人能够接受自己的缺点，相信自己的能力，勇于冒险，有强大的自立能力，能客观地看待自己的不足，控制情绪，将失败视为学习的机会，对未来充满信心，认可自己和他人的差异，善于与他人合作。

二、心理容忍力的重要性

阿德勒认为，无论生活是顺境还是逆境，我们都应该坦然接受。他认为世界上不存在完美的事物，无论是个体、家庭、领导、企业还是学校，都有不足之处。因此，他强调错误只有大错和小错的区别，我们应该及时修正小错误，以免积累成大错误。

那么，什么样的人愿意改正错误呢？是勇气和心理容忍力足够的人。而不愿意改正错误的人往往是因为缺乏勇气和心理容忍力，这样的人容易固执己见。因此，一个人想要改变，首先需要自我觉察并认识到自己需要改变。

一个人向他的朋友抱怨："这个世界对我不公平，你的命运如此美好，而我的命运却如此糟糕，为什么我要对这个世界心存善意呢？"一个父亲对孩子说："我从小到大经历了很多挫折，但我已经克服了它们，为什么你无法做到呢？"一个人向他的朋友抱怨："我在原生家庭遭受了很多痛苦，这影响了我的现在生活，使我感到不快。"

这三个人的共同点在于，他们的言行都受到了内在主观诠释的影响。阿德勒认为，除非改变内在的主观诠释，否则我们无法改变行为，因为行为是内在主观诠释的反映。阿德勒特别强调，知觉不仅仅是生理过程，更是心理功能。

三、合作式关注与自我中心式关注

我们经常听到"不要在乎他人如何看待"的建议，但这句话有时会产生误导。佛祖和上帝可以不在乎他人的看法，而作为普通人，我们确实会在乎他人的评价。我会在乎孩子是否认为我是一个好父亲，妻子是否认为我是一个好丈夫，朋友是否认为我是一个值得信赖的朋友，学生是否认为我是一个尽职的老师。在乎他人的看法并非不正常，正是这份在乎，促使我们不断努力改变和进步。这正是阿德勒所说的自卑与超越的过程。

重点并不在于我要在意别人对我的看法，关键是如何定义"你在意别人怎么看"。阿德勒强调的是谁在运用这种看法。

如果有人向我提出建议或批评，我能够以平和的心态接受，并努力改进，即使这些意见和批评并不完全准确，我也能理解对方的好意。这种关注他人的方式，被曾端真教授称为“合作式的关注”，它体现了高水平的互动，是健康社会连接的表现，同时也展现了足够的心理容忍力。

然而，如果一个人一听到别人提出建议或批评，就会感到愤怒，甚至可能做出言语上或非言语上的攻击。那么，这个人关注他人的方式就是曾端真教授所说的“自我中心式的关注”，它表现为一种垂直的互动，透露出自我保护的社会疏离情绪。这种攻击行为本身便是强烈的自我保护反应，也暗示了心理容忍力的不足。

四、人不应被过去绑住

阿德勒说，人不应被过去绑住，成长不应背负他人的问题。

为了追求更美好的生活、更幸福的人生，我们会去探索自己的原生家庭，这本身并没有错。然而，在这个过程中，我们必须避免陷入一个误区：把责任推给父母。

举例来说，认为自己今天婚姻不幸福是因为父母小时候离婚，或者认为自己的性格是由父母过于苛刻的管教造成的，这种理解是大错特错的。在阿德勒心理学中，探索原生家庭意味着发现不同的面貌，寻找正面的意义，发现积极的力量。

责备父母是一种错误的理解和情感表达。阿德勒指出，如果你责备你的父母，他们也有自己的父母。我们应当摒弃这种错误的理解和情感，并赋予问题全新的意义。

那么，何为错误的理解与情感呢？简单来说，是指我们对父母或自身成长过程中的某些事情持有片面的、不准确的看法，以及由此产生的负面情绪。要想放下这种错误的理解和情感，我们须重新审视自己的观念，以更开放和包容的心态看待问题。阿德勒主张软性决定论，坚决反对宿命论。宿命论认为人的命运是注定的，无法改变，这种观念实际上是一种虚假的精神指引。阿德勒认为，相信宿命是软弱和逃避现实的表现。相反，他强调，人的潜力并非天生注定，只要我们有意愿去挖掘和努力，每个人都有成功和实现突破的机会。因此，我们应该积极面对生活中的挑战，不断挖掘自己的潜力，实现自我价值。

有人可能会说："我懂这个道理，也想努力，但出生在普通家庭，没有背景、人脉和资本，要想有所成就似乎很难。"然而，阿德勒指出，影响人生最深远的不是遗传或环境，它们只是提供了一个框架，关键还是在于个体独特的创造力。

也许有人会说："我已经尽力了，尝试了很多次，但最终还是失败了。"阿德勒指出，失败不是没有成功，而是不去尝试便停止努力。

这意味着我们必须勇敢地克服困难、缺陷和障碍，因为人生就是一个不断尝试、不断努力的过程。

五、凭勇气和行动力去创造

我出生在湖南的农村，那时候想要离开农村获得更好的发展，就必须努力读书。但是我小时候比较调皮，学习不够努力，所以成绩总是不如姐姐出色。

我有一个舅舅是工人，没有子女，当时可以收养一个孩子，让这个孩子去城市的工厂子弟学校读书。这对当时的我来说是个很好的机会，因为可以每天吃到热腾腾的白馒头、花卷和油条，这些对我来说是奢侈品。然而，我舅舅最终选择了姐姐而不是我。

后来我问父亲，为什么舅舅选择了姐姐而不是我？我父亲告诉我："因为你的学习成绩不好，你舅舅看不上你。"我明白，因为我的成绩不好，令他们看不到希望。

因此，我从小就坚信要凭自己的力量远离过去，创造新世界。这种由自卑到自信的转变，就是生命的动力。

阿德勒认为，每个人都可以有所作为。姐姐的优秀并不妨碍我超越她。学习阿德勒心理学后，我放下了过去的执念，接受了父母和舅舅当初的决定。

成功与失败，关键在态度。积极与消极的区别，在于是否敢于面对困难。每个人都有创造力，都怀揣着梦想。但为何并非每个人都获得了成功？答案就是勇气。并非每个人都有勇气面对困难，选择、改变和面对人生都需要勇气。有时因恐惧或犹豫而放弃，就失去了成功的机会。成功始于承认不足并接受改变。

真正的成功在于战胜自己。要成功就需要拥有成功的勇气，只有具备成功的勇气，才会有产生行动的动力。勇气和行动力缺一不可。阿德勒说，勇气需要行动力的配合。

第四节　调整生命风格，改变行为模式

人生态度对一个人的性格起着决定性作用，只有意识到性格上的错误，人才会试图去改变。

——阿德勒

一、生命风格影响行为模式

行为动向是个体在特定情境下摆脱自卑感、追求优越感时的内在心理活动。生命是一个持续变化的过程，行为动向相应地也在不断变化。因此，阿德勒经常将行为动向与生命风格视为同义词。

在一次阿德勒心理学工作坊课程中，我提出了一个关于行为动向的问题：如果你在开车上班途中遭遇堵车，心情有些焦虑，等待红绿灯时，突然有人准备插队，你会如何应对？

我邀请了一位女学员和一位男学员分别回答。女学员表示："我会让他先过去，然后再继续前行。这样可以避免冲突，避免给自己带来麻烦。"男学员则说："我不会让他插队，大家都应该遵守规矩排队。我不会纵容这种不文明的行为。"

堵车时的不适感可以用自卑感来解释，这种自卑感会触发情绪，进而促使我们采取行动，追求优越感，即尽快通过堵车路段。

相同情境下，不同个体展现的行为模式各异。为何如此？原因在于每个人的心理活动、生命风格和生命故事都独一无二。

男学员在意识层面明白，若双方互不相让，很可能发生碰撞。碰撞后需报警、联系保险、协商处理，将耗费更多时间。尽管他清楚这些后果，却仍坚持不让对方插队，这反映了他的生命风格。他或许认为：

“若我让对方过去，便是输；若不让，便是赢。”显然，让与不让体现了他的自卑与优越感。输赢是他的生命特质，不仅在面对插队时，他在任何涉及输赢的场合都倾向于争胜。

阿德勒指出，这种一体性生命风格的形成与个体的生命故事及成长历程紧密相连。

二、生命风格与早年回忆

早年记忆是个体的内在装备，如同潜意识中的自我语言，它们会引导个体朝着早年设定的优越目标前进。然而，许多人并未意识到，他们往往基于幼年时期形成的生命风格而做出当前的行为。我们往往没有察觉到这些行为对我们的人生是利是弊，因此我们会采取各种方式进行补偿，以逃避自卑感，维护自己的优越感。这样的信念一直在潜意识中操控着我们的人生。重新审视和整理自己的生命经验，有助于我们创造新的信念，改写人生故事，赋予人生新的意义。

以我个人第一天上学的早年回忆为例，来详细解读生命风格与行为动向。第一天上学对个体而言是一个重要的转折点，它反映了个体在面对人生困境时选择应对方式时的心理活动。

我家的小路笔直通向公路，两旁是宁静的池塘。第一次上学那天，母亲站在家门口，我却固执地站在塘堤上不动，背着堂姐的旧书包，书包上绣着红五角星。

母亲焦急地催促我上学，我却因书包太旧而坚决不去。我们陷入僵持，我不断重复：“不买新书包，我就不上学。”母亲无奈解释家中困难，书包虽旧但尚可用。我仍坚持己见，母亲无法说服我。

最终，母亲为了让我上学，承诺将来会给我买新书包。听到承诺，我心中的坚持才稍微软化，踏上了前往学校的路。虽然书包旧了些，但我知道母亲的爱与支持是我最大的财富，也是我前进的动力。那天，我带着母亲的承诺和对未来的憧憬，迈出了成长的第一步。

在教室里，老师布置了作业：用田字格本子写自己的名字，写满两页。我认真地一笔一画地完成了作业，然后将其交给了老师。

这段早年回忆详细记录了我内心活动的各种信息，不仅揭示了自卑感和优越感的存在，还推动着我不断朝着优越目标迈进。尤其是书包上那颗鲜亮的红五角星，暗示着我内心深处渴望成为备受瞩目、引人注目的焦点。在教室里，我认真地完成了老师布置的作业，每写一笔一画都展现了我的勤奋和认真，我渴望得到老师的认可和赞赏。然而，我并没有意识到这段早年回忆正悄无声息地引领着我的人生方向。它包含我的自我观、人我观、世界观以及人生的种种抉择。这段记忆在我的潜意识中时常提醒着我，反映了我对现实生活和未来生活的准备程度，以及我行为背后的动机和动向。

对于我先前的生命风格与行为动向，我的自我命题是：

我是：有自己的想法的。（自我观）

他人是：需要满足我的想法的。（人我观）

世界是：想法没有被满足就是不被人肯定的。（世界观）

所以我要：努力获得别人的认可。（人生决定）

从以上我的自我命题可以看出：

我的自卑感是：我担心不被人认可。

我的优越感是：我需要得到别人的认可。

我的行为动向是：不断努力，成为让人认可、欣赏的人。

我的私人逻辑是：如果我得不到别人的认可，就意味着我不够努力，我没有能力。

在我的实际生活中，我深受幼年时期形成的生命风格影响，并以此应对当前的种种挑战。我展现出极高程度的勤奋与坚定，矢志不渝地追求卓越。阿德勒指出，特质本身并无好坏之分，关键在于个体如何运用它们。

我的努力和坚韧对学业和事业起到了积极的推动作用，然而，过度的努力和好强有时会阻碍我与他人建立良好的人际关系。我渴望得到所有人的认可和欣赏，但这种对优越目标的追求是不切实际的，因为无论一个人表现得多么出色，也无法避免受到他人的批评。正如谚语所说："谁人背后不说人？谁人背后无人说？"我需要学会接受并适应这一现实，以更平和的心态面对他人的看法。

三、调整生命风格以获得疗愈和改变

我的潜意识中承载着追求被认可和欣赏的优越目标，因此我竭尽全力去做到最好，当无法做到最好时，便会感到痛苦。为了减轻这种痛苦，我必须调整自己的生命风格。

调整后，我的生命风格与行为动向的自我命题为：

我是：有自己的想法的。（自我观）

他人是：有他们自己的想法的。（人我观）

世界是：需要包容不同声音的存在的。（世界观）

所以我要：学会适应、接纳和理解。（人生决定）

通过调整我的生命风格与行为动向，我的内在得到了疗愈，潜意识也得以唤醒。我不再过分执着于他人的评价，而是学会了以更理性的态度看待它们。同时，我也放下了评价他人的执念。

正如阿德勒所言，真正的意义是在与人交往中体现出来的。现在我接纳每个人的生命经验，接受这个世界存在不同的观点，这使我的自我价值感得到了提升，并拥有了更为平等的自我观和人我观。我的人生因此变得更加从容自在。

最终，所有的心理、身体历程和性格特质都将从属于我的生命风格，成为其不可或缺的一部分。

/ 附录一 /

听别人的故事，想自己的人生

本部分是我和我的至亲们的一些故事，这里的每一个故事都承载着我的生命力量和生命源泉，等待我去深入发掘。写到这部分时，我情不自禁地泪流满面，但并非因为悲伤，而是因为感动和感激，感动于生命的丰富多彩，感激于生命的灿烂绽放。

一、关于我奶奶的几个故事

以下是我小时候与奶奶的四个故事：

故事一：我常跟着奶奶去姑妈家玩。记得有一次，奶奶坐在台阶上嗑着瓜子，我觉得有点无聊，便想逗她一下。我跑到一棵大树前，双手抱着树干，对奶奶大声喊道："奶奶，奶奶，不好啦，我被大树卡住了，我的手出不来了，快来救我啊！"奶奶听后非常着急，丢下手里的瓜子，边跑边焦急地问："怎么了怎么了？"当她走近时，我忽然松开双手，哈哈大笑："我骗你的！"奶奶摸着我的头责怪道："你这个臭小子。"

故事二：每当冬天来临，奶奶总会用玻璃盐水瓶装上几瓶热水，放到被窝里，确保我的床温暖舒适。每晚睡前，她都会先摸摸被窝，确保它温暖了，然后才让我上床睡觉。

故事三：奶奶有一次带我上山捡板栗。每当捡到一个板栗，奶奶都会用脚踩的方式去掉带刺的外壳，然后用手取出里面的板栗，剥开，轻轻塞进我的嘴里。

故事四：常有小贩推着板车来我们农村叫卖商品。有一次，一个卖元宵的商贩经过，奶奶买了几个元宵。我好奇地问："奶奶，为什么不多买几个呢？"奶奶淡淡地回答："争食吃不饱。"

对以上我与奶奶的四个故事进行生命风格自我分析可知，这四个故事都围绕着一个共同主题：我渴望获得他人的认可和关注。

故事一的关键词是“及时”，故事二的关键词是“贴心”，故事三的关键词是“精准”，故事四的关键词是“满足”。这四个关键词象征着我对他人认可和关注的期望，分别希望他们对我及时、贴心、精准、满足。

然而，这其实是一个不太现实的设想。人们往往会创造出一套自己的虚构标准，作为获得安全感的生存法则。这些虚构目标指引着我们在现实生活中设定实际目标。

当我按照自己虚构的标准去应对现实生活中的任务时，如果他人达到了我的期望，我会感到满足；但如果他们没有达到，我内心的自卑感就会被触发，让我感到痛苦。

每个人都是独特的个体，拥有自己独特的价值观。然而，期待每个人都能达到我设定的标准，是不现实的；同样，我也无法满足每个人的期望，因为去迎合每个人的要求，是不切实际的。被认可和关注固然令人愉悦，但不被认可和关注也是生活的常态。

在幼年时期，由于理解能力的不足，我们往往对周围环境产生误解。遗憾的是，即使如今已经成年，有时我们仍会以这些错误的经验来应对现实生活的挑战，就像穿着小时候的鞋子在现在的道路上艰难行走。

阿德勒指出，虚构目标是个体幼年潜意识中主观创造的产物，它的存在并非全然错误，人生中有时也需要这样的虚构目标。然而，重要的是，我们不能让虚构目标牢固地束缚在心头，当需要舍弃时，就应当果断地放下。

心理容忍力是一个人在不失去勇气的情况下所能承受的压力程度。

面对人生中的逆境，我们需要坦然接受。

只有当我对自己的生命进行了深度的自我分析，将潜意识中的经验转化为意识层面的理解，我才能重新理解我的生命，赋予它新的意义，自然释怀。我不再困扰于他人是否对我认可或关注，而是用健康的社会连接情绪取代自我保护的社会疏离情绪，我走过了健康的情绪历程。

遗憾本身并不是痛苦，痛苦来自不愿接受遗憾。人生中总会有许多遗憾，接受它们才是正确的态度。如果一直抗拒遗憾，遗憾便成了痛苦的根源。当你以不同的视角看待他人、事物和事件时，你就不会觉得那么受伤。

阿德勒学派心理治疗的目标在于修正个体的生命风格，调整个体的自我观、人我观、世界观，以及虚构目标，从而增进个体的勇气和社会情怀。

以上所讲的四个故事，体现了奶奶对我满满的爱，体现了她优秀的生命品质。她教会了我，要被人爱，就要先学会付出爱，而尊重也必然伴随着爱。

二、关于我与母亲的故事

记得六岁那年的一个中午，母亲要下地干活，当时还是生产队集体出工，按照记工分的多少来发放粮食。工分多的人能分到相对更多的粮食，而工分少的人则得到较少的份额。若是没出工，就没有工分，也就拿不到粮食，这意味着家人可能会挨饿。

我闹着要跟母亲去地里玩，但母亲不同意，因为我的去留会影响她干活赚取工分的多少。可我作为一个小孩子，无法理解这一点，我就是要跟着去。母亲无奈之下，在家里找了一把晒干的黄花菜给我，因为当时家里没有零食。我拿到黄花菜后就不再闹了，母亲便下地干活了。

然而，母亲没有意识到那些黄花菜已经发霉了，因为很久没有拿出来晒太阳了。我吃了之后没多久就开始上吐下泻，一边捂着肚子一边哭着跌跌撞撞地去地里找母亲。母亲见到我后二话没说，立刻丢下地里的活，抱着我一路快跑去村卫生所。

回想起母亲一路喘息、一路啼哭、一路快跑的情景，我深刻地感受到了“女本柔弱，为母则刚”。

在我们老家，有一个习俗是每到农历三月初三，村民们会用荠菜煮鸡蛋。

记得七岁那年，母亲煮了鸡蛋要我送几个给外公。我去到外公家时，看着八十多岁的外公满口没有牙齿，拿着一个已经长满绿色青苔的铝调羹，一口就将鸡蛋吞下去。看到这一幕，我非常心疼外公，但他始终满面笑容，似乎在告诉我：无论生活有多艰难，都要热爱生活。

三、关于我父亲的故事

2017 年，我父亲因患晚期肺癌去世。得知这个消息后，我感到悲痛无比。但是当我回到老家处理父亲的后事时，我竟然全程没有感到悲伤，也没有流下一滴眼泪，我的情绪仿佛被自己锁住了。作为父亲唯一的儿子，我觉得自己有责任把他的后事办好，我没有时间去伤心，也没有时间去哭泣。

办完父亲的后事回到广州后的一天晚上，我情不自禁地拿起手机播放了一首叫作《父亲》的歌。没想到音乐刚一响起，我就彻底崩溃了，眼泪如泉水般涌出，我哭了一个多小时，脑海中不断浮现出小时候和父亲在一起的画面。

那时流下的眼泪让我舒缓了很多，但我知道自己仍然没有完全接受父亲离开的现实。这种情绪仍然存在，我通过锁住自己的情绪来逃避父亲去世的痛苦。这是我的自卑感在作祟，我试图维持父亲还在的幻想，这是我所追求的优越感，这一切都是我潜意识的创造。

早在 2000 年，我最亲爱的奶奶安然去世了。当时出于工作原因，我无法回老家见奶奶最后一面，这个遗憾一直困扰着我。

非常感谢我的老师曾端真教授，他帮助我疗愈了内心的伤痛，并让我明白，我的奶奶和父亲其实一直在另一个世界里为我祝福。我欣然接受了这份来自他们的深深祝福，心中充满了感激与温暖。

正如我在本书前言中所写，阿德勒学派是一个注重讲故事和听故事的学派。每个人的成长历程中都有一些不为人所知的故事，这些故事可以说是我们的宝贵资产，它们悄悄藏在我们的潜意识中，操纵着我们的人生。哪一天，当我们停下脚步，慢慢地打开这些故事的时候，每打开一个，就会发现一个不一样的自己，随着我们打开的故事越来越多，我们距离真实、纯净、善良的自己就越来越近，那是潜藏于内心深处可以接纳、包容、理解一切的“内在的小孩”。读者朋友们，听别人的故事，想自己的人生，请开启您的生命风格探源之旅吧。

/ 附录二 /

自我疗愈历程

阿德勒说，故事即人生。故事可以分为水平故事和垂直故事，水平故事指的是当前发生的事情，而垂直故事则是发生在过去的故事，人生的痛苦往往深藏于我们的垂直故事之中。

阿德勒进一步说，听早年故事的目的，是要找到“解铃”的地方。早年故事是我们的一种内在装备，就像潜意识中的自我语言和自我暗示，激励着我们朝着幼年设定的优越目标前进。这些故事蕴藏着生命风格的隐形地图，其中包括自我观、人我观、世界观以及人生决定。然而，我们往往在意识层面没有觉察到，正是早年这些故事在无形中塑造着我们的人生轨迹。

我们常常是在不自知中受到早年故事的影响，而意识层面却未能察觉。因此，早年故事需要被分享、被倾听、被理解，并被赋予新的生命意义。

本附录分享的两个晤谈案例是我在阿德勒学派专业心理咨询师培训班课程中，曾端真教授和我的晤谈过程。在晤谈过程中，恩师曾端真教授运用她温暖的鼓励、全然的接纳以及慈母般的抚慰，陪伴着我一步步走出迷宫，找到出口。

晤谈一：充满父爱的全家福

曾端真教授：有谁带了一张照片来分享吗？

刘超：教授好，我只带了一张照片，原因有三：第一，在我所处年代的社会环境和生活条件下，拍照并不容易；第二，我本人并不喜欢照相，不太喜欢面对镜头，这种情感在我学习阿德勒心理学之前和之后发生了很大的变化；第三，我只带了一张全家福照片。关于这张照片，有一个很有趣的故事：当时我的伯父从城市回老家看望我奶奶，带了一台照相机，想要拍一张全家福。然而，我不愿意参与，我溜走了。结果，我父亲狠狠地责打了我一顿。所以，在这张照片里，我的衣袖都湿了，其他人都是开心的笑容，唯独我的脸上带着哭泣的表情。这让我回想起了小时候的经历，我并不愿意和家人在一起生活，立志要离开那个地方。所以，如果要给这张照片取个名字，我会说“走自己的路”。

曾端真教授：蛮贴近你刚才形容的那张照片，我虽然没有看那张照片，你要走自己的路，但是你爸爸把你拽回去，所以你很痛苦。

刘超：是的，我以前想出去，他不让我离开。后来，我没有直接和他说，而是写了一封信。我家养了一只猫，通常是自由活动的，但是我们家喜欢用一根长绳子拴着它，并挂上铃铛。我觉得这样做阻碍了猫发挥自己的本能，就像把猫的天性束缚起来一样。于是，我写了封信给他，然后就离开了。

曾端真教授：那你当时大概多大岁数?

刘超：我当时已经二十多岁了。

曾端真教授：我原本以为你很小就开始写这样的信了。

刘超：不是，我当时已经二十多岁了。

曾端真教授：形容得很好，它的本能被你拴住了，还颇有教育理念的，教育理念的意涵很深刻，所以一张照片就有你的故事，很精彩。那么，你还有什么想补充的吗?

刘超：我想跟您求证一件事情。上次课上，您提到了一个例子，我印象深刻。您说女孩子总是保留学生时代的衣服，即使已经过时不合身，也仍舍不得扔掉，放在那里总想穿一穿。您又举了一个例子，我对您这段话记得清清楚楚，一只鞋子太小了，拼命地挤进去，这叫自寻烦恼。您的意思是，潜意识的故事就像这样，我们需要放下那些错误的理解和感受，不让过去的痛苦成为我们前进的绊脚石，而是重新赋予它们新的意义。我的理解是，我可以回忆童年时的故事，试着给那些不快乐的回忆赋予新的意义。我想确认一下，这样做是否正确？

曾端真教授：你做得到就是好的，如果你做完了让你有所改变，那就太棒了。

刘超：比如，对于这张照片，我以前觉得父亲一直控制着我，让我没有自由。但现在我赋予这张照片新的意义。我意识到在那个时期，他是很珍惜家庭的和谐与和睦的，在那个环境下，照一张照片不容易，他希望留下珍贵的回忆，他的想法也是正确的。这样，我就赋予了它一个全新的意义，我感觉心里舒服多了。

曾端真教授：不仅如此，你小时候被爸爸揍了一顿被抓回来，是不是？你现在重新看这张照片时看到了家的情感，看到父亲那种宗族家族概念，就是和谐。不要考虑是否正确，而要考虑对你来说是否有意义，这很重要。阿德勒学派不会要你们所谓标准、正确的答案，它非常独特，只要是适合你的，令你的人生朝着健康方向、对人群有更大贡献方向改变，那就是有意义的，而这个意义是你自己赋予的，它是否正确并不重要。好，你拿着这张照片时，你重新赋予它意义，这里面本来是父亲把你束缚住的故事，而现在变成一个充满着家庭情感的故事，是这样吗？

刘超：是。

曾端真教授：你现在的感觉是什么？

刘超：我感觉更加轻松、自在了，好像放下了一些东西。以前我和他们之间有一种距离感，我不太想和他们在一起，但现在这种距离感几乎没有了，我感觉与他们更亲近了。

曾端真教授：亲近，那我不确定是否适合继续询问你，因为你写了一封信，你说你爸爸有不对。现在你想跟爸爸说什么？

刘超：（沉默，流泪）我爸爸走了。

曾端真教授：慢慢来，（停顿，等）你慢慢说，你刚才已经表达了一些，你说你爸爸有不对，刘超，你可以留在心里，不一定要说出来，好吗？

刘超：（沉默，教授一直在陪伴等待）我稍微好了一点，我刚刚没想到会流眼泪。

曾端真教授：眼泪是需要的，它会自然地流出来。

刘超：其实，他是爱我的。

曾端真教授：真好。

刘超：其实他对我是一种……如果说他是拴住我的自由的话，同时，其实他是担心我的。

曾端真教授：是的。

刘超：他原本想去当兵，18岁，第二天要出发了，他想赚点钱给奶奶（哽咽），后来不小心，板车翻了，把他的腿压断了，虽然后来接起来了，但是当时的医疗水平还是有限，后来他的脚始终是松垮的状态。

曾端真教授：是。

刘超：曾经他跟我讲，他是怎么重新站起来的，他在地上慢慢爬，后来把凳子不断地叠加，帮助自己慢慢站起来。后来他又想当医生，去学当一名医生。

曾端真教授：是。

刘超：所以我猜测，可能因为他小时候有这种不安全的因素。

曾端真教授：是的，是的。

刘超：他不想我出现一些……

曾端真教授：意外。

刘超：对，其实他是一个很善良很坚强的人。他自己亲口跟我说的，他的腿摔断了，从在地上躺着，到把凳子加一点，加一点，这样逐步站起来，再训练。这真是不容易。

曾端真教授：真是不容易。

刘超：想起来都不容易。

曾端真教授：坚毅。

刘超：确实，我认为自己也很能传承他的社会情怀，因为他是医生。他以前卖头痛粉，只需要几厘钱，但最小的纸币面额都是一分钱，没有几厘钱的。人家来买的时候给他一分钱，他说几厘钱就够了，是多少就是多少。例如，有时人家有什么病主动提出来打针，他讲话是那种刀子嘴豆腐心的。他说："你打什么针啊，你有钱啊，不要打针，吃两粒药就好了。"所以，其他跟他一起做医生的，后来生活水平都不错，他却一直在经济方面不太好。

曾端真教授：你父亲跟你讲，他这样子在地上爬，然后慢慢练习站起来？那时候，你有多大？

刘超：印象中，我好像只有七八岁的样子。

曾端真教授：七八岁。

刘超：对。

曾端真教授：我想这个画面，对你是很有激励性的一个画面。

刘超：对。

曾端真教授： 所以，今天你人生中的任何一个成就跟这个故事还颇有关系的。

刘超： 您说得很对。比如说，我最初来广州创业时，一路走来确实非常顺利。不过，在2003年，我曾经遇到一次危机，因为一次关键性的错误决策，我的公司陷入了困境。我不仅损失了自己所有的资金，还背负了一些债务。但是，仅仅用了两年的时间，我就成功地将一家负债累累的公司扭亏为盈。我经常说，虽然只是两年，但在那段时间里我承受了巨大的痛苦和压力，有多少个不眠之夜，只有我自己知道，别人无法体会。

曾端真教授： 是的，是你父亲的影响帮助你渡过了那个危机。

刘超： 是。

曾端真教授： 所以，这一张照片带来的家庭故事是很感人的，谢谢你的分享。

刘超： 我真的没有想到会流眼泪。

曾端真教授： 那是好事。

刘超： 是，我是挺感谢的，您说过眼泪是人与生俱来的珍珠，确实是很有价值。

曾端真教授： 是的，珍珠。

刘超： 也很感谢您赋予我这个价值。

曾端真教授： 你从你父亲那得到的很多人生的价值，那不是任何人可以给得了的，我可能就是让你重新发现，这种价值的影响本来就在。

刘超： 谢谢教授。

曾端真教授： 不客气。

晤谈二：开启新世界的大门

曾端真教授：刘超，现在你怎么样？这个故事是什么时候写的？

刘超：教授您好，是在4号晚上写的。

曾端真教授：所以，一个星期了。经过一个星期，你可能会有不一样的故事，你可以说给我听。

刘超：那天晚上我做了一个梦，梦到了我小时候的老房子。在梦中，我的房间里有一个双开门的红色冰箱，但是那个冰箱又是我现在家里用的冰箱。冰箱里面全部是饮料，冰箱门的外面也是饮料，挡住了冰箱门。我口渴，想去拿饮料。奇怪的是，我一个侄女，很久没有联系的侄女，她打开门，拿了一瓶饮料给我。我把饮料喝完后，就去厨房丢垃圾。我进厨房的时候，其实厨房是没有门的。等我丢完垃圾出来，突然这个厨房有一扇卷闸门，像卷闸把门挡住了。正常来说，我往上面拉卷闸，就可以把门拉上去。但是，它又跟窗帘一样。我用双手把这扇门掰开，也不是那么费力，像拉布窗帘那样就把它掰开了。当我刚刚把门打开的时候，就看到在大门口，我父亲进来了。父亲是一个医生，他背着他的医药箱进来，脸色有些惆怅、沉闷。同时，我看到大门口坐着一位女士，虽然我不记得她是谁，但是我非常坚定地相信那是我奶奶。我看到父亲，就问他是不是又喝酒了。我跟父亲说，做他这个职业不能喝酒，喝酒是很危险的。朦胧的梦境中，我发现父亲就在我旁边，我看他的表情就是一种微笑的表情。然后，我就醒来了。

曾端真教授：好，所以故事结束在父亲微笑的表情？

刘超：对。

曾端真教授：好，现在我就陪着你来看看你的梦。来，现在安静一下，你进入你的梦境，用想象把那个梦境重新走一遍，用影像重现一遍（教授停顿，等待）。好的，在梦里头，那是一个什么感觉？

刘超：刚刚闭上眼睛时，我看到的是这样一个场景：我在梦里依然是那一种温暖的感觉。我想象父亲背着那个箱子，从门口走过来，我奶奶坐在门口。我父亲的脸是比较惆怅、沉闷的。我奶奶坐在那里，没有说什么。我父亲进来以后，似乎他并没有看到我，而是进来以后，经过我奶奶身旁时，他马上变得微笑了。刚刚我在想象，就像是一个妈妈在教他儿子，可能跟她儿子说了些什么。也许她在说："哎呀，你要听话，不能喝酒啊。"大概是这个意思，我想象是这个。

曾端真教授：很好，所以想到这些温暖的语言，你感动到流泪了？

刘超：有一点感触。

曾端真教授：要不要说说这个感触？

刘超：这个感触就是，因为我有看《鼓励孩子迈向勇气之路：阿德勒学派案例解析与策略》一书，书中的案例四，我看到那个孩子，他承受了家里太多的怨气。我觉得，从小到大，我可能承担太多家庭里的不容易，所以我想帮他们，我觉得他们不容易，但是我又不想跟他们有情感连接。我比较喜欢吃老家的一些东西，但是我又不愿意回老家，我害怕他们给我带来麻烦，当然，这个麻烦，我奶奶除外。小时候，奶奶经常带我去她的娘家玩，我奶奶有一个弟弟，在玩的过程中，有一次奶奶跟我说，她本来还有一个妹妹，失踪了。有人说她妹妹已经饿死了，有些人说她妹妹被人拐走了，也有人说她妹妹去了台湾。那时候，我可能最多7岁，脑袋里出现一个优越目标，等我长大了，如果能够帮我奶奶找到她妹妹，该有多好啊。

曾端真教授：是。

刘超：我想，如果我那样做，奶奶不知道会多开心。我没有见过我爷爷，爷爷很早就去世了。在我印象中，奶奶非常慈祥，没有发过脾气，不仅是对我，对其他人也没有发过脾气。奶奶有四个儿子和两个女儿，小时候只有我父亲在老家，所以家里条件不好，其他伯父、姑姑、姑妈都在外面生活，生活条件都比较好，但奶奶选择在我们家住。那时候，我母亲她们有一些婆媳矛盾，但我也是护着我奶奶的。我说，奶奶愿意在哪里住就在哪里住。我母亲那时候会抱怨："没有给我钱啊，这个妈也不是我一个人的妈。"那时候，我也去讲母亲，我觉得奶奶太不容易了。她本来已经承受着丈夫很早就去世的现实，她这么多儿女，要辛苦把儿女养大，但现在连住在哪里都要看儿女的脸色。我就这样，一直觉得我奶奶真的很不容易。后来，我知道我父亲摔断了腿，我也感到我父亲很不容易。后来，当我慢慢去了解我母亲的时候，知道母亲以前读书是很优秀的，她有很多同学后来也是当领导的，他们以前来找母亲参加同学聚会，我母亲都不参加，直到我事业有成以后，母亲才跟她的同学联系。

曾端真教授：是的。

刘超：我母亲跟我说，她成绩很好，那时候外婆生病了，外公就说你不要读书了，女孩子读那么多书没什么用，最终还是要嫁人，你就不要去读书了，在家照顾你母亲，也就是照顾我外婆。有一次，母亲去医院帮外婆抓药，把我外婆一个人留在床上。等她回来的时候，外婆就摔在地上，就讲了一句，说她可能不行了。后来，外婆就这样摔死了。母亲早几年中风，把她抢救过来后，我按医生的叮嘱帮助母亲做康复训练，使得她重新站起来。但是，很多人当时说：你母亲不愿意去训练，她不够坚强。后来，了解了这个往事后，我才发现，其实她不是不愿意，她是怕，她好不容易把命捡回来，她想到外婆是摔死的，她害怕自己摔一跤就再也起不来了。所以说，我能感受到她的不容易。

曾端真教授：是。

刘超：所以，我也觉得他们真的太不容易了。我常常有一种感觉，就是想要和他们断绝联系，但就是无法做到，这样的感觉一直存在。

曾端真教授：所以这时候，你还在想事情吗？

刘超：我在想的，依然是我奶奶。2000 年我准备结婚时，奶奶还是跟我们一起住，但因为老家有个习俗，认为结婚时家里有老人去世不吉利，所以我父母将奶奶暂时安排在我一个堂哥家，让她与子孙几代同堂。她晚年时，我去看她，有人问她这是谁，她回答："知道啊，刘超和他老婆啊。"我结婚不久之后，她去世了，我却没能回到老家，感觉对奶奶有些亏欠。

曾端真教授：你说回不去，怎么说呢？

刘超：因为那时候我刚刚开了一个工厂，离不开，后来是我太太回去的，我实在没有办法。

曾端真教授：所以你一直放在心上吗？

刘超：对。

曾端真教授：所以这些故事你跟你太太说过，对不对？

刘超：有说过。

曾端真教授：说过，现在是说第二遍吗？

刘超：是的，现在情况是这样的，有时白天我没胃口吃东西，到了晚上我会喝点小酒，吃点东西，但在某些时刻，我会默默流泪，想起他们。

曾端真教授：所以这样子的故事是盘踞在你的心里，对不对？

刘超：对。

曾端真教授：这个梦是最近才做的吗?

刘超：对，在上次回顾老照片之后，我很久没梦到奶奶和父亲了，不知道为什么上周突然又梦到他们。

曾端真教授：好的，你说最近晚上喝点小酒等，这是你的一个生活习惯嘛，偶尔会这样做。关于默默流泪，你要不要回想一下，我想你不只是流泪，你心里有很多对话，我的猜想是，你有跟自己做什么对话吗?

刘超：倒没有具体的对话，但我会回忆。

曾端真教授：对，就说你会想到什么?

刘超：我想到还是小时候，就是大家都不容易，他们也不容易，想到小时候的一些辛苦啊。

曾端真教授：所以你是自己一个人边喝酒，边坐在那里想，还会流泪，其实这也会给自己一些安慰。你刚才提到大家都不容易，因为你对他们有理解之后，你更看到他们生命的伟大，我这样讲对不对?

刘超：是。

曾端真教授：是，你这样看到他们的不容易，大概多久之前有这样的感觉？自己边喝酒边感觉到吗?

刘超：大概是开始学习阿德勒心理学时，逐渐有了这种意识，并开始尝试理解他们。

曾端真教授：你一直在努力理解你的家人，因为他们是你情感牵绊很深的人，是不是?

刘超：是。

曾端真教授：你有一种很深刻的感觉，就是觉得他们太不容易了。这种觉悟是从多久之前开始的?

刘超：应该是在年前吧。

曾端真教授：我猜你一定流了不少眼泪，因为你觉得他们太不容易了。大概年前，当你又自己喝点小酒的时候，你在想什么？

刘超：自己喝点小酒的时候，我会想到小时候的一些场景，有时甚至会回想起我父亲的某些形象，或者是他喝酒的情景。

曾端真教授：你自己喝酒，也浮现小时候看父亲喝酒的场景，是吗？

刘超：对，有时吃东西也会感觉好像不仅我在吃，似乎我父亲也在吃，有一种他存在的感觉。

曾端真教授：你看到父亲喝酒，喜欢吗？

刘超：喜欢。

曾端真教授：好的，说说这个喜欢。

刘超：我没有抗拒，只是另一方面也告诉自己不能总是这样，会影响健康，会长胖什么的。

曾端真教授：那是另外一回事了，你说喜欢看到父亲喝酒的场景。那么，你现在想象看到父亲在喝酒，你的感觉是什么？

刘超：现在出现的画面反而让我感到担忧。

曾端真教授：你说说。

刘超：因为小时候经常是我奶奶带我入睡，但常常被父母的吵闹声惊醒，我母亲会一边抹着眼泪一边抱着我，给我两颗糖，告诉我以后再也见不到她了，然后就离开了。我父亲常常拿一瓶酒咕咚咕咚地喝，然后就也不见了，留下我和奶奶。这也是我和奶奶之间情感深厚的原因之一。

曾端真教授：无助的时候有奶奶在旁边？

刘超：是的，我发现在我的生命中，很多早年回忆都与吃喝有关，比如我母亲走时给我两颗糖。还有，在梦里出现许多对立的情况。例如，一个古老的房子里有一个先进的冰箱；我本来去丢垃圾的时候没有门，突然又有了一个门；父亲进来时很沮丧，但马上又变得非常开心。我感觉很多事情都呈现出一种对立。

曾端真教授：你做得很好，能够看到自己的梦，看到故事中的对立元素。然而，这种对立与我们日常的对立思考并不相同。你刚才提到，大概是在年前，你用一种自我语言来描述他们经历的不易，对不对？你这段时间在喝酒时，父亲的画面会浮现在你的脑海中。那么，我们现在来谈谈你喝酒时父亲的画面，以及你吃东西时，感觉父亲好像“附身”的感觉。你能不能解释一下，“附身”这个词对你具体意味着什么？

刘超：对我来说，“附身”的意义是我跟他是不是还有一些连接没有放下？

曾端真教授：你想要怎么样的连接？

刘超：想要什么样的连接，倒是没有。我就感觉，反正既然这样，就大家各自安好吧。

曾端真教授：什么意思？

刘超：我是说，走了的就走了，还在的就还在，不必过多思虑。

曾端真教授：似乎你的意思不是放下连接，而是放下担心，是这样吗？你想放下担心？

刘超：对，我对他应该确实是有一些担心，因为有时候自己会想象一个画面，他现在过得怎么样呢？如果他的棺材里装有摄像头，我就可以看到他现在的情况，有时候我会想象这样的情景。

曾端真教授：很有创意。所以你很想知道“爸爸你还好吗？”

刘超：对。

曾端真教授： 好，你心里头很想有个摄影镜头让你知道他在另外一个世界是安好的。

刘超： 对，这样对我来说我就安心了。

曾端真教授： 相当好。所以你喝酒的时候，你就想象他也在喝酒，很棒；你吃东西的时候，他也在吃，很好。

刘超： 我不仅仅是喜欢喝酒和吃东西，我还会买一些花生、瓜子，经常这样嗑着吃着，这时我就会想到我的奶奶，因为她也常常喜欢吃零食，我们在一起的时候，她经常拿些给我吃。

曾端真教授： 听起来，对于奶奶的温馨、温暖，你有所思念。对爸爸的人生，你承接了他很多辛苦，你希望知道爸爸是安好的？

刘超： 是。

曾端真教授： 好，当你讲了这些心路历程，再回来看看你的梦，你自己有察觉什么吗？

刘超： 在梦里，我首先想到了阿德勒说过的一句话，任何事都可以有不同的样貌。

曾端真教授： 是的，所以呢？

刘超： 所以我开始思考，或许这种想法能给我一些安慰。

曾端真教授： 对，你知道你这个梦给你最大的安慰是哪个画面吗？

刘超： 给我最大的安慰就是我父亲的微笑。

曾端真教授： 是的，所以你的父亲在梦里面告诉你什么？

刘超： 是不是他在告诉我其实他挺好的？

曾端真教授： 你愿意相信吗？

刘超： 会往这个方向走，但是似乎那种信念还不够坚定。

曾端真教授： 没错，是的，你看看，你父亲看着你，对着你微笑，对不对?

刘超：是。

曾端真教授：你说说，从一个父亲的角度，看着你，对你微笑，他想跟你说什么?

刘超：他平常很少这样微笑的，但当他微笑时，似乎在说“其实也没什么”。

曾端真教授：其实也没什么，你心里头觉得他承担了很多，但实际上他想告诉你，他承担的这一切其实并不算什么。类似这样吗?

刘超：对啊，类似这样。

曾端真教授：你愿意相信你父亲的生命力吗?

刘超：哦，他的生命力我是坚信的。

曾端真教授：哦，突然想到了。

刘超：对，他的成长经历证明了他的生命力，而他的生命力也激励了我自己的坚韧。

曾端真教授：好棒。你刚才说不怎么相信“其实也没什么”，你看，你刚才那个身体动作，说道“哇，我父亲的生命力”。

刘超：是。

曾端真教授：所以你要不要相信他说的，他在跟你讲，“刘超，我承担的其实没什么”。

刘超：对，他在去世前，都可以跟我面对面地谈他死后该如何处理后事。

曾端真教授：所以，不必装摄像头，他在临终之前已经告诉你，不是吗?

刘超：但是我并没有完成他的遗愿。

曾端真教授：好，你说说。

刘超：他在那个地方待了几十年，他希望我在他去世之后，请当地乡亲大鱼大肉好酒好烟吃上一顿，表示他走了，并表达他对这个地方的人的感激。但是，因为我选择用佛教仪式办他的葬礼，就没有答应他，所以，那时候做的全部是素菜席。虽然乡亲对此没什么意见，他们也会尊重我的决定，但我自己总觉得，就最后一点事情都没有帮他做到。我也没有见到我奶奶最后一面，所以，有时候我想，可能若干年以后，如果我母亲去世了，我安置好他们后，就再也不想回到我出生的地方了。

曾端真教授：出生的地方怎么啦？

刘超：太多伤心事。那个地方没有自由，也没有钱，人们无所事事，也不能外出游玩。

曾端真教授：你再想一想，我感觉这些似乎不足以让你那么抗拒回去，你认为呢？

刘超：是，有时候我也在想，为什么我对出生地那么厌恶。

曾端真教授：或许这个梦与此有关。你父亲对你微笑，他跟你说话，这都不算什么，有没有可能他也是在告诉你，虽然你没有帮我用大鱼大肉请乡亲吃饭，但是这些都没什么。

刘超：希望吧，对。

曾端真教授：你对你父亲很相信，你慢慢再思考，他那么洒脱，他临终前也很洒脱，不是吗？

刘超：是。

曾端真教授：他是不是一个洒脱的人？

刘超：他的确是一个很洒脱的人。

曾端真教授：你知道你父亲会希望你怎么看他？他是一个那么会计较的人吗？放不下吗，还是怎样？凡事都可以有不一样的可能性，没有大鱼大肉，也有素菜，也帮他请了乡亲吃饭，对不对？

刘超：对，他不会计较，这点我是可以肯定的。但是，我似乎就是迈不过这道坎。

曾端真教授：来，你现在先安静一下，你努力看看，你父亲那个微笑的脸，你跟他在一起，你心里的父亲是那么重要。

刘超：对，他那个笑容似乎想要跟我说，你不要那么傻。

曾端真教授：我在这里听到你的故事，我的感觉是你重情重义、很孝顺，是不是？

刘超：是。

曾端真教授：你会不会希望父亲安心？

刘超：我就是希望他能够安心呀。

曾端真教授：但是他叫你不要那么傻，你却又不听。

刘超：是。

曾端真教授：你现在不是大的刘超，你现在是小孩子刘超，你要不要对父亲说“我会听你的话，我不会那么傻，一直以为你承受不起”？你可以用自己的方式说，或者在心里说也可以。

刘超：其实我还是想跟他说，我也不知道为什么我会那么担心他。

曾端真教授：好，刘超，担心是很自然的事，特别是对于你这样重情感的人。但是，要你放下担心，这太强你所难了。你是不是一个重情感的人？

刘超：这个我肯定。

曾端真教授：是的，所以当然会担心，你切断这个连接，你不觉得有点可惜吗？我刚刚听了你那么丰富的情感，你却要把它放下。虽然边喝酒边想念，感觉是苦的，想念、思念是会很苦，但也因为思念，我相信你的内心是丰富的。你的梦中留下了美好的画面，奶奶的慈祥，好像一直在陪伴着你；父亲虽然有些惆怅，但当他进屋时又展现了一个父亲的温暖微笑。我听到的故事是这样，对不对？

刘超：是。

曾端真教授：好，所以你看看那个对比，他虽然惆怅，但是他依然具备做一个父亲该有的能量，是不是？所以像不像你刚才讲的，爸爸在跟你说“其实也没什么”。

刘超：别傻了，就是你别傻了。

曾端真教授：对，“我担得起来的”，是不是这个意思啊？

刘超：对。

曾端真教授：你让这个梦在心里慢慢发酵。但是在你的思考里，你很难相信自己可以不再担心。你害怕自己不再担心，我听了你的故事，你说你想要放下担心，但实际上又无法做到，你知道为什么吗？

刘超：我不太清楚，也许因为我一直认为自己欠他们一些东西。正如您刚刚说的，我太重情重义，但又无法完成他们的愿望，感觉自己欠了他们。

曾端真教授：这是你过去的想法，你觉得自己欠他们。

刘超：是。

曾端真教授：但是你的梦在告诉你，他们很好。

刘超：是。

曾端真教授：别傻了，你没欠他们。没关系，关于这个“欠”，你可以再思考一下。你想要放下担心却无法做到，这意味着这个担心在你生命中有着某种功能。那么，在你现在的生活中，这个担心的作用是什么?

刘超：这个担心的作用，就是我不能让他们为我担心。

曾端真教授：你现在明白了吗?

刘超：对，我不能让他们担心我。

曾端真教授：当你这么想时，你觉得你过去抓着“欠”这个词带来的痛苦稍微有所减轻了吗?

刘超：会的。

曾端真教授：此刻?

刘超：是，的确。

曾端真教授：所以你明白了吧? 过去你一直执着于“欠”这个词，但现在你知道了你的担心，再说一遍，他们怎么样? 这个担心有着什么样的功能?

刘超：这个担心就是我不能让他们为我担心。

曾端真教授：好的，你现在充满了能量。

刘超：是，我希望自己可以更加柔软，我想在未来延续我奶奶和父亲的品质，特别是奶奶，她虽然慈祥，内心却非常坚强。而我父亲也是一样坚强。我想要训练自己更多地延续他们这些优秀的品质。

曾端真教授：你给自己下了个很好的结论，坚强能够承受一切，这是必要的。对待他人要慈祥，对待自己也要慈祥。慈祥不仅是对别人，也是对自己。

刘超：是。

曾端真教授：对自己慈祥就可以做到你爸爸所说的“不要那么傻，不要对自己那么不好”。

刘超： 对。

曾端真教授： 好的，我认为这个梦的核心就在这里，现在你想说些什么？

刘超： 我想说，在教授刚刚跟我对话这段时间，我觉得我应该是已经找到出口了。

曾端真教授： 对。

刘超： 一个新的世界，他们已经有他们的世界了，我应该进入我自己的新世界。

曾端真教授： 你真是有天分，诠释得真好，因为你讲的梦里有很多门。奶奶跟爸爸在他们的世界很安好，你在你的世界也要安好。

刘超： 谢谢教授。

曾端真教授： 不客气，你做得很好。

阿德勒语录

1．故事即人生。

2．万事皆取决于观点。

3．每个人都可以有所作为。

4．任何事都可以有不同的样貌。

5．用他人的眼睛去看，用他人的耳朵去听，用他人的心去感受。

6．让他人更从容自在，让生命更灿烂发光。

7．人不应被过去绑住。

8．我们对他人的态度完全取决于我们对他人的理解，因此，我们要去理解他们，这是社会关系的基础。

9．自卑是我们前进的动力，要超越它就要用正确的方法。

10．人的潜力不是天生的，只要肯去挖掘，每个人都会有成功和飞跃的机会。

11．支配我们行为的并不是我们的经验，而是我们对经验所下的结论。

12．人做不到温和，是因为自卑感在作祟。

13．学会温和是生命的成长历程。

14．勇气需要行动力的配合。

15．只有气馁的孩子，没有坏孩子。

16. 好的策略要有好的感觉来用才会有效。

17. 语言一变，世界就会跟着变。

18. 听早年故事的目的，是要找到“解铃”的地方。

19. 人的偏差行为是一种自我保护，是用错误的方式回避自卑感，维护自我的优越感。

20. 孩子想跟你说的事，对他来说就是重要的事。

21. 越是渴望爱的孩子，越会用不讨人爱的方式表达出来。

22. 我们要理解人性，就需要去理解一个人的成长历程。那么，人性在哪里？人性就在潜意识里。

23. 宠溺孩子是儿童教育中最严重的错误之一。

24. 除非改变自己内在的主观诠释，否则我们无法改变行为。

25. 影响人生最大的，既不是遗传，也不是环境，它们只不过提供框架而已，回应人生答案的是个体独特的创造力。

26. 任何事都有不同的可能，不要认为理所当然，要自己寻求答案。

27. 没有所谓“随机的记忆”，个体只会选择和当前的感受及观点相符合，以及与当前所关注的困境相关联的记忆。

28. 有如我们一只手拿粉笔写，另一只手拿板擦，我们随时可以擦掉原先的猜测。

29. 每件事都可以有另外的样貌，每个人都可以做不同的选择。

30. 一个人遗传了什么并不是重点，关键在于他如何处理他的传承。

31. 生命总会设法延续下去，而且在面对外来阻碍时，生命绝不会还没挣扎就先高举白旗。

32. 每个人都是独一无二的个体。

33. 人生就像一条奔流的溪，溪里的种种都会随波流去。

34．你的情绪在哪里跌倒，你就要回到哪里站起来。

35．自卑感无法根除，事实上也无须根除，因为自卑感可以成为有益的基石，让人们在此基础上继续成长茁壮。

36．要想了解一个人的未来，需要先了解他的生命风格。

37．一个心怀嫉妒的人不会成为有用的人，嫉妒也是严重深层自卑感的产物之一。

38．梦，是个人创造力的一部分。

39．人的生命是有限的，只有凝聚众人的力量，生命才能得以延续。

40．人会成功，凭借的是勇气，而心理学家的任务就是要把绝望变成希望，让人鼓起勇气，聚集力量，去做有用的事。

41．爱情本身不能解决任何问题，因为爱情有各种不同的样貌。唯有两个人之间的关系打下了“合宜的平等根基”，爱情才会走上正途，婚姻才能成功。

42．婚姻是需要两个人共同努力经营的任务。

43．有时候，最难走的路，才是最直接的路。

44．我们不是别人人生的操盘手。

45．我们必须让人们彻底认识到自己有能力面对困境，解决生活中的各种问题，只有这样才能培养出自信心，而只有自信心能够战胜自卑感。

46．人们都需要设想出一套属于自己的虚构，才能在混乱的世界中找到生存的法则。

47．老师是孩子迟来的父母。

48．老地图找不到新航线。

49．如果我们希望孩子听我们的话，就要先成为一个让他愿意听我们话的人。

50. 困难对我们来说也是一种祝福。

51. 如果一个人努力让自己看起来很强或比一般人优秀，那么他的内心可能有着强烈的自卑感在驱使。

52. 人只有彻底了解自己，才有能力面对困境。

53. 婚姻代表爱情的高峰，是人生的新起点，而非结束。

54. 没有必要为眼前的错误而怀疑自己，而应该直面错误，并在以后避免类似的错误。

55. 在婚姻中，需要双方做出一个终身的决定，也唯有在这种决定终身在一起的承诺下，才是真正的爱和真实的婚姻。

56. 不是说“若能克服缺点，一切就好了”，而是就算有缺点，也要相信一切会好，并且能做好。

57. 一个人很难体现出自己的意义，真正的意义是从与人交往中体现出来的。

58. 我们不能期待别人随时体察我们的情绪，沉默换不来别人的帮助，如果我们需要帮助，就要用语言表达出来。

59. 存在不同意见、价值观是肯定的，也是意义所在。

60. 人生有三大任务：工作、友谊和亲密关系。这些任务也是人际关系的任务，往往越拖延越难完成。

61. 一个人的生命风格在五岁左右就通过自己的思想、行为塑造而成，而且可以这样保持一辈子。

62. 我们不应该受情感支配，而要善用情感，绝大多数情况下，情感的出现其实是为了操控对方，让对方按照我们的期待和愿望行动。

63. 一个好的婚姻关系是要把对方的感觉放在心上。

64. 宿命论是一种虚假的精神指引，相信宿命是软弱和逃避现实的表现。

65. 我们只是利用情绪，而不应被情绪推动，受它支配。

66. 学会从不同角度审视自己和他人的故事，世界就会有骤然改变。

67. 以自卑为借口逃避人生的胆小鬼不计其数，但也有不少以自卑为动因而功成名就的人。

68. 自卑感不是“我不如他”的人特有的东西，就算是看起来非常优秀的人，心里也会感到自卑，只要还有目标要实现，就会有自卑感。

69. 如果我们没有目标作为支撑，只是虚幻地想象提升自己，那么就像在演戏一样，觉得自己不是自己。

70. 优越情结是自卑情结的产物。

71. 一个人在爱情与婚姻里出现的偏差与错误取决于他的生命风格，主要由与伴侣合作能力的大小决定。

72. 当我们开始去做自己力所能及的事时，世界不一定会因此发生改变，可如果我们什么都不去做，事情只会朝着更加糟糕的方向发展。

73. 决定自己的不是环境等因素，而是自己。既然生而为人，就永远有其生存方式。

74. 我们并不是受往事之苦，而是我们创造了让自己痛苦的往事。

75. 梦境中的画面、幻想等，都是做梦者心中所向。

76. 任何人都可能有所成就。

77. 对于婚姻中的问题，凭借爱情本身并无法全部解决，还是借助工作、兴趣与合作来解决更靠谱。

78. 成长不必背负他人的问题。

79. 若一个人无法甘于平凡，就会试图让自己变得特别，不是变得特别好，就是变得特别差，一切取决于你自己。

80. 有勇气的人，追求成功的意念大于对失败的害怕。

81. 我们不需强迫自己改变，只要学会从不同角度发现自己的亮点就好，尽力做好自己能做的事，事情就会在你想不到的时候发生改变。

82. 人生没有那么难，是你自己让人生变得复杂了，其实，人生单纯到令人难以置信。

83. 我们对事情的观点并不能代表事实本身。

84. 不要让自己看起来很强，而要努力让自己真正变得很强。

85. 人在努力后，一旦无法得到正面关注（比如赞赏），就会试图去做不对的事，以求受到负面关注。人只能经由失败来学习，并且凭借失败的经验来使自己变得更好。

86. 我们不是因为一时气晕了头而口出恶言，而是为了操纵、支配对方，想让对方遵从自己的意愿和期待，创造和利用名为“愤怒”的情感。

87. 冷静的判断往往无法付诸行动，情感就是行动的触发器，可以促使人付诸行动，也可以让人停止行动，全看自己的决定。

88. 我们不是因为某种情感而产生某种行动，而是该行动制造了这种情感作为借口。

89. 孩子喜欢用喜怒哀乐来支配大人，这是他们惯用且奏效的把戏，但长大以后，如果他们还想用这种情绪支配别人，那就幼稚了。

90. 若要圆满解决伴侣双方合作的问题，那么伴侣关怀对方的程度必须更甚于自己，这是爱情婚姻成功的基础。

91. 性格不是天生、永恒不变的，而是可以由自己的意志决定的。

只要你愿意，性格随时随地可以改变。

92. 脾气暴躁的人只是常常使用“愤怒”这种情绪的人，事实上，我们不必彻底改变我们的性格，只要改变使用情感的方式就好了。

93. 大多数烦恼都是人际关系的烦恼。

94. 人生态度对一个人的性格起着决定性作用，只有意识到性格上的错误，人才会试图去改变。

95. 如果总是在意别人的看法，自己的人生就会失去方向，也会给人无法信任的感觉。

96. 拥有足够的挫折容忍力，才能做一个有气度承接失败的人。

97. 从眼前的现实出发，寻求解决之道，才是乐观主义态度。它与只想着“没关系，船到桥头自然直”却什么都不做的乐天主义是不一样的，我们要抱持乐观主义而不是乐天主义。

98. 只要做了对的事，感受到了贡献感，就足够了，不必期待他人的感谢与赞美。

99. 沟通是一门技术，而良好的沟通是爱的体现，爱是良好关系的结果。

100. 个体只有在拥有足够的社会情怀时，才能正确解决自身问题，因为所有错误都源于缺乏社会情怀。

（本部分内容根据作者学习阿德勒心理学的笔记整理，由曾端真教授审阅）

曾端真教授语录

1. 如果自卑感没有得到疗愈，情绪未获得健康的平复，则将长期滞留并形成自卑情结，并产生症状。

2. 如果情绪得到正确的回应与抚慰，便能通过健康的情绪历程来恢复平静。

3. 我们应该以健康的社会连接情绪取代自我保护的社会疏离情绪。

4. 在生命风格的统合之下，情绪会促使个体朝向优越目标进发。

5. 情绪的爆发引领我们发现生命风格中的问题，并帮助我们成为自己意识和情感的主人。

6. 情绪有利于帮助人类生存与适应环境，也是激发人们前进的动力。

7. 关键的不是我们拥有正向的或负向的情绪，而是我们如何运用这些情绪。

8. 熟悉的情绪让人有操控力，如果放下熟悉的情绪，就可能会陷入不确定感的焦虑。

9. 一旦早年回忆中的自卑感故事被叙说、自卑情结被疗愈，情绪便能得到健康的平复。

10. 被了解与被接纳的情绪，才能成为为我们所用的情绪。

11. 我们应该发展符合社会情怀的情绪和正向连接的情感表达能力。

12. 对于愤怒的儿童，他的内心隐藏着未被抚慰的脆弱感。

13. 一个人在自卑情结的操控下，会对平常的事物表现出异常的情绪。

14. 情绪是触发行动、掩饰脆弱的自我并维护其强大自我感的动力。

15. 人们对行为的理解大多是只知其然，但不知其所以然。

16. 社群情怀是一种归属社群的感觉、融入社群的态度和关怀社群的行动。

17. 母亲是孩子生命中最初接触的人，除了在生理层面照顾孩子身体健康，在心理和社会层面上，母亲是开启社群情怀、引领孩子进入社群生活的桥梁。

18. 所有心理表达和行动，都在生命风格的统御之下。

19. 看似不同的行为，都隐含着一致的优越目标，以及一致的行为动向。

20. 个体对遗传因素和环境因素作出回应，创造出独特的生命风格。

21. 重要的不是具备什么特质，而是谁在使用这些特质。

22. 知觉是心理功能，而非单纯的生理功能。

23. 万事皆取决于观点，对事实的观点永远不等于事实。

24. 孩子依据过去经验、主观知觉等进行二元对立思考，并对事情进行诠释与推论。

25. 要培养孩子的有效行为，首先要满足他们的价值感。

26. 虚构既是心智运作，也是心智运作的产物。

27. 人们需要仿佛与真实一般无二的虚构，来得到定向感和安全感。

28. 想象的未来是主观的未来，是当下现象场的未来，而非真实的未来。

29. “仿佛”是权宜性虚构，“假设”是稳定性虚构，“信条”是固定性虚构。

30. 不要把虚构钉在十字架上，虚构像鹰架，若失去用处，即应被舍弃。

31. 虚构目标是孩子为了补偿自卑感而创造出来的理想图像。

32. 自卑感越深，排除自卑感的冲动越强烈，追求虚构目标就越迫切。

33. 虚构目标不是客观的实体目标，而是能满足潜意识优越感的心理目标。

34. 虚构目标需要藏在潜意识中，不被主人理解，神经质系统才能运作。

35. 孩子在幼年时就形成了独特的优越目标，并通过追求具体的实体目标来满足这些优越目标。

36. 虽然雪花的形状都是六角形，但细看之下，每片雪花都有各自独特的构造。

37. 对社群和个人来说，能带来益处和解决问题的道理，便可称为常识。

38. 人生常识让人在身处逆境时有心理准备，有勇气承接失败。

39. 人生常识是一分耕耘一分收获，成就来自勇气和行动力。

40. 一个人如果有过重的自卑感，他就渴求绝对安全的优越感，形塑出背离社会情怀的生命风格。

41. 带着社会情怀的孩子，将以奉献社会的态度去克服自卑感。

42. 缺乏社会情怀的孩子，会采取远离人群的方式来掩饰内心的脆弱。

43. 母亲，是孩子从母子关系的小圈圈步往人群的大圈圈之桥梁。

44. 成人与孩子接触的时候，要在看、说和听上展现正向的连接。

45. 孩子在游戏中建立社会情怀，可以为未来的社群生活做准备。

46. 社会情怀的具体作为是平等谦虚、正向连接、友善陪伴、安然自在。

47. 平等谦虚：教导者不是高高在上的权威，要谦虚地寻找理解孩子的答案。

48. 正向连接：用孩子的眼睛、耳朵和心理解他们。

49. 友善陪伴：孩子在奋斗挣扎的路上有人陪伴，世界将变得友善。

50. 安然自在：让孩子感到自在，才能让他们也对人群感到舒服。

51. 人格原型有如青涩的果实，生命风格则是成熟的果实。

52. 孩子的自卑感，促使他为自己搭起一座通往优越感的桥梁。

53. 孩子总是奋力在其虚构的家庭星座中，争取让自己处于最耀眼的太阳位置。

54. 在母子关系中建立的信任感和自信，是勇气的主要来源。

55. 人生发展阶段的转折点，是考验生命风格的危险困境。

56. 心理活动被优越目标的磁极吸引，朝着达成理想图像的方向移动。

57. 正确回应和正确教导能营造优质的亲子互动，情感连接和独立自我是亲子关系和教养品质的指标。

58. 与父母的情感连接是孩子独立自我得以健康发展的前提。

59. 身体语言是行为动向的重要线索。

60. 二元对立的统觉基模，是为了追求安全感而创造出来的心理经纬线。

61. 如果以错误的经验为前提，必然产生错误的结论。

62. 失败不是没有成功，而是不去尝试便停止努力。

63. 勇气来自以现实生活为基础，付出努力并克服困难之后的自我效能感。

64. 勇气让人开展选择的可能性，接触新感受，接纳新观点，产生新行为。

65. 挫折容忍力不足的孩子，将建构出缺乏勇气和行动力的生命风格。

66. 成熟是发展对于不确定性的忍受力。

67. 为了保护孩子而把孩子圈在自己身边，或将每件事都代为安排好、代为解决，会限缩孩子独立自我的发展。

68. 宠溺型的教养，将为孩子打造一个错误的人生图像。

69. 父母付出时间陪伴孩子接触大自然，从事体能活动，对于培养孩子的勇气和行动力非常有益。

70. 自卑感越重的人，其精力越更多用于自我保护，没有多余精力与别人合作，也无心于贡献。

71. 偏差行为和症状，是孩子排除自卑感、维护优越感的手段。

72. 理解孩子的人格才能有效教导他们。

73. 偏差行为，是孩子和父母的情感联结失败后，用来保护自我重要感的手段。

74. 鼓励，让努力变成一种美好的感觉。

75. 强求孩子顺从，会促使孩子产生偏差行为。

76. 说谎不是道德问题，而是心理问题。

77. 我们需要正确理解孩子，才能给予孩子正确的回应和教导。

78. 情感需求匮乏所引发的不安，便是自卑感。

79. 教育的过程需要谨守对孩子的鼓励之道，不能挫败孩子的意志。

80. 鼓励是精致的艺术，必须知道如何给予鼓励。

81. 唯有理解气馁者潜意识的优越目标，才能给出准确的鼓励。

82. 婚姻是合作关系，夫妻双方需要合作，让双方的人生更自在、更美丽、更丰富。

83. 婚姻关系的困境源自幼年所形塑的两性关系和对婚姻的错误印记。

84. 一个人遇到人生瓶颈，就需要检视自己幼年所创造的人生故事中哪里出了差错。

85. 人生故事就像鹰架，一旦其失去用处，就可将其舍弃。

86. 生命会不停地朝向生存而奋斗，个体不会不经奋斗就轻言放弃。

87. 每个人都是彩绘人生的画家，他本身既是画家也是画作。

88. 关系是教导的基础，教育不能偏离鼓励之道。

89. 自卑感是每个人的共同感受，是生而为人必然会有的感觉。

90. 只要优越目标没有改变，行为就不会变，症状也不会消失。

91. 以症状作为武器的心理历程是潜意识的，案主并不自知。

92. 自卑感是大自然赐给人类的祝福，驱动人类奋力克服大自然的严苛考验。

93. 自卑感是正向的痛苦，是促进行动的能源，自卑情结是前行的阻力。

94. 治疗师必须有一颗温暖的心和一个冷静的头脑。

95. 治疗师是一个搭桥的人，在案主的意识和潜意识之间搭起桥梁。

96. 一个人的成就并非取决于他的天赋，有天赋后，还要靠勇气和行动力才能有所成就。

97. 故事的细节蕴含着丰富的生命风格信息。

98. 早年回忆是个体为了符合潜藏的情绪、优越目标和所关注的事情而创造出来的产物。

99. 早年回忆是刻骨铭心且鲜明的，单次发生的早年记忆，包含对感觉和情绪的铭记。

100. 心理治疗无法直接处理偏差行为的症状，而要去发现生命风格的错误。

参考资料：

1. 曾端真. 解密自卑情结：阿德勒学派心理治疗历程解析 [M]. 台北：张老师文化事业股份有限公司，2021.

2. 曾端真. 克服自卑的勇气：从阿德勒心理学谈教养 [M]. 台北：张老师文化事业股份有限公司，2023.

参考文献

1. 安斯巴可 H., 安斯巴可 R. 阿德勒个体心理学 [M]. 黄孟娇，等译. 台北：张老师文化事业股份有限公司，2017.

2. 亨利 · 史丹. 阿德勒演讲集：建立自我的生命风格 [M]. 吴书榆，译. 台北：张老师文化事业股份有限公司，2020.

3. 亨利 · 史丹. 从个体到群体：古典阿德勒学派深层心理治疗入门 [M]. 钟瑞丽，译. 台北：张老师文化事业股份有限公司，2017.

4. 曾端真. 婚姻与家族治疗 [M]. 5 版. 台北：天马文化事业有限公司，1993.

5. 曾端真. 倾听生命故事与叙说的疗愈力：阿德勒学派心理治疗 [M]. 台北：张老师文化事业股份有限公司，2016.

6. 曾端真. 教出有勇气与行动力的孩子，亲子双赢的教养功夫 [M]. 北京：化学工业出版社，2017.

7. 曾端真. 鼓励孩子迈向勇气之路：阿德勒学派案例解析与策略 [M]. 台北：张老师文化事业股份有限公司，2018.

8. 曾端真. 解密自卑情结：阿德勒学派心理治疗历程解析 [M]. 台北：张老师文化事业股份有限公司，2021.

9. 曾端真. 克服自卑的勇气：从阿德勒心理学谈教养 [M]. 台北：张老师文化事业股份有限公司，2023.

后　记

阿德勒曾言，老师如同孩子迟来的母亲。于我而言，曾端真教授便是我人生的第二位母亲。她那深厚的社会情怀，永远是我学习的典范。

衷心感谢恩师曾端真教授对我的悉心教导，她的毫无保留让我受益匪浅，学有所成。在她的指导下，我得以带着恩师和阿德勒的精神，为更多人带去福祉。我将永远铭记恩师的教诲：教而知不足，要终身学习。

同时，也要感谢学姐姚以婷老师，她克服重重困难，成功举办了阿德勒学派专业心理咨询师培训班，使我得以与恩师曾端真教授结缘。

感谢我的太太，她同时也是我的学姐开惠老师，在写书过程中给予了我巨大的鼓励和支持，还提供了许多专业建议，使本书得以顺利完成。

感谢我的孩子们，你们不仅是我的骨肉，更是我人生的导师。在陪伴你们成长的过程中，我也从你们身上学到了很多。你们愿意分享自己的成长经历，为我的书写提供素材，这展现出了非凡的社会情怀。

此外，还要感谢我的来访者和学员们。教是最好的学，在与你们的互动中，我深切感受到了你们内心的强大力量和社会情怀，也深刻体会到了阿德勒心理学的深邃与博大。

感谢阿德勒学派专业心理咨询师培训班的同学们，我们相互学习，用各自的生命故事彼此疗愈。让我们携手前行，带着阿德勒的社会情怀，为更多人带去福祉。

阿德勒说，要让他人更从容自在，让生命更灿烂发光。感谢每一位喜欢这本书的读者，你们的支持是我前进的动力。让我们共同学习，共同成长，共创美好人生。

刘超

2023 年 9 月 20 日